空间设计理论与实践丛书 THEORY AND PRACTICE OF SPACE DESIGN SERIES

杨宇　编著　THE BASIS OF MODERN OFFICE SPACE DESIGN

辽宁美术出版社　# 现代办公空间设计基础

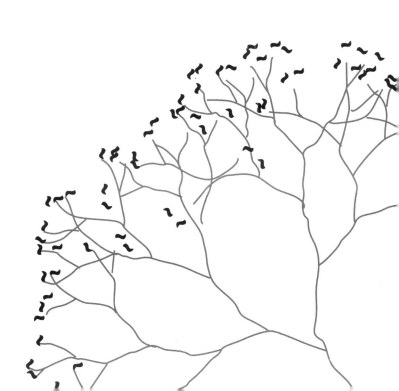

图书在版编目（ＣＩＰ）数据

现代办公空间设计基础 / 杨宇编著． —— 沈阳：辽
宁美术出版社，2014.5
　（空间设计理论与实践丛书）
　ISBN 978-7-5314-6062-6

　Ⅰ．①现…　Ⅱ．①杨…　Ⅲ．①办公室-室内装饰设计
Ⅳ．①TU243

中国版本图书馆CIP数据核字（2014）第084131号

出　版　者：辽宁美术出版社
地　　　址：沈阳市和平区民族北街29号　邮编：110001
发　行　者：辽宁美术出版社
印　刷　者：沈阳鹏达新华广告彩印有限公司
开　　　本：889mm×1194mm　1/16
印　　　张：8
字　　　数：155千字
出版时间：2014年5月第1版
印刷时间：2014年5月第1次印刷
责任编辑：苍晓东　李　彤
封面设计：范文南　洪小冬　苍晓东
版式设计：彭伟哲　薛冰焰　吴　烨　高　桐
技术编辑：鲁　浪
责任校对：李　昂
ISBN 978-7-5314-6062-6
定　　　价：65.00元

邮购部电话：024-83833008
E-mail：lnmscbs@163.com
http://www.lnmscbs.com
图书如有印装质量问题请与出版部联系调换
出版部电话：024-23835227

目录 contents

第一章　课程介绍

第一节　教学概况

中央美术学院建筑学院室内设计专业本科学制五年，一、二年级为专业基础教育课程，三、四年级为专业课程。第五年进入导师工作室进行毕业创作。室内设计专业三、四年级课程设置以室内课程为主，分别设有建筑改造、居室设计、办公空间设计、各类型商业空间设计等专业设计课程。另外，与专业课程对应的辅助配套课程有室内色彩设计，室内材料材质设计与光环境设计。

面对飞速发展的社会，灵活的应变思维和快速准确的判断力是最为重要的，室内专业教学在培养学生掌握相关专业知识和空间塑造能力的同时，更强调人文环境的艺术表达与设计形式的原创力，以及严谨的逻辑分析能力。在中央美术学院整体艺术氛围的带动下，学院非常重视理论基础和艺术感知力的培养。学院从低年级就开始了大量的包含建筑理论与空间构成的基础训练，同时，还注意对学生动手能力的培养，开设了空间技术搭建等实际操作课程。

通过大量的理论授课和聘请活跃在当前设计领域前沿的设计师和团体举办讲座，使学生充分了解当代的设计思潮，对于设计潮流的发展和演变，对空间形式的探索有着强烈的兴趣。这使他们能够在进入专业后把所学到的知识充分运用在专业设计的过程中（图1-1）。

2009—2010 学年度第一学期																			
日期	8.31	9.8	9.15	9.22	9.29	10.6	10.13	10.20	10.27	11.3	11.10	11.17	11.24	12.1	12.8	12.15	12.22	12.29	1.5	1.12
周数	1	2	3	4	5	6	7	8	9	10	11	12	13	14	15	16	17	18	19	20

<table>
<tr><td rowspan="3">一年级</td><td rowspan="3">军训</td><td colspan="8">设计初步 1</td><td colspan="9">设计初步 2</td></tr>
<tr><td colspan="6">建筑概论（6+2 次）</td><td colspan="8">设计几何（10 次）　B118</td><td colspan="3"></td></tr>
<tr><td colspan="17">造型基础 1</td></tr>
<tr><td rowspan="2">二年级</td><td colspan="9">小别墅设计 诸多因子综合作用的建筑设计过程（第一次课教室设计报告厅）
（黄源、傅祎、王环宇、李浩、吴若虎、范凌、刘斯雍、刘文豹）</td><td colspan="6">当代美术馆设计 功能简单、空间形态、手工表达</td><td colspan="5"></td></tr>
<tr><td colspan="9">外国古代建筑史（10 次）　设计报告厅
何可人</td><td colspan="4">景观设计概论（4 次）</td><td colspan="4">室内设计概论（4 次）</td><td colspan="3"></td></tr>
<tr><td rowspan="9">三年级</td><td colspan="3" rowspan="2">建造基础 3</td><td colspan="6">旧建筑改造 建筑与室内空间过渡思考训练
（10.20 开始结合两周荷兰外教照明设计 workshop）</td><td colspan="8">室内设计 1—居住空间室内设计</td><td colspan="3"></td></tr>
<tr><td colspan="6">室内设计史（6 次）</td><td colspan="8">室内色彩设计 与室内设计 1 搭配的技术课程</td><td colspan="3"></td></tr>
<tr><td colspan="9">建筑物理（8 次）</td><td colspan="6">当代建筑思潮与流派（8 次）　吴晓敏等　设计报告厅</td><td colspan="5"></td></tr>
<tr><td colspan="6">小型综合商业空间设计初步调研
与室内设计 3 搭配的技术课程</td><td colspan="9">室内材料材质设计
邱晓葵、李朝阳</td><td colspan="5"></td></tr>
<tr><td colspan="9">室内设计 2-专卖店设计</td><td colspan="8">室内光环境
常志刚、韩文强</td><td colspan="3"></td></tr>
<tr><td colspan="9">设计表达 2(3DMAX)</td><td colspan="11"></td></tr>
<tr><td colspan="6">设计表达 3（渲染技法）</td><td colspan="9">建筑设备（10 次）郑克白、汪铤　B118</td><td colspan="5"></td></tr>
<tr><td colspan="9">当代建筑与艺术（12 次）</td><td colspan="11"></td></tr>
<tr><td colspan="20">毕业设计（工作室课程）</td></tr>
<tr><td>五年级</td><td colspan="20">毕业设计（工作室课程）</td></tr>
</table>

2009—2010 学年度第二学期

日期	2.25	3.3	3.10	3.17	3.24	3.31	4.7	4.14	4.21	4.28
周数	1	2	3	4	5	6	7	8	9	10
一年级	设计初步 3				造型基础 2				春季写生	
	阴影透视（8 次）									
二年级	景观设计 1				室内设计 1				建筑认识实习	
		近现代建筑史(12 次)								
	CAD，SKETCH UP			地下一机房						
三年级室内	室内设计 3（办公空间）								专业写生调研	
	手绘技法表达 与室内设计 2 搭配的技术课程									
四年级室内	室内设计 4（餐饮空间室内设计）与室内设计 1 搭配的技术课程								设计机构实习	
	建筑设备									
	室内施工图设计 与室内设计 4 搭配的技术课程									
五年级	毕业设计（工作室课程）									

2009—2010 学年度第三学期

日期	5.4	5.11	5.18	5.25	6.1	6.8	6.15	6.22
周数	1	2	3	4	5	6	7	8
一年级	造型基础 2			建造基础 1				
	现当代艺术与建筑赏析							
二/三年级（全院选修课）	室内设计初步				现当代景观设计思潮与流派（侯晓蕾）			
	展示设计（钟山风）				三维建模软件学习			
	当代建筑思潮与流派				现当代建筑欣赏			
	空间认知与体验				电影与城市空间			
	搭建实验				城市空间营造艺术史论			
二/三年级（系内选修课）	专业英语文献导读							
	3DMAX 建筑创作应用							
	建筑景观手绘表现综合技法				光环境艺术设计			
	结构造型				建筑物理实验			
	聚落与民居研究概论				现当代艺术形势分析			
四年级	设计机构实习							
五年级	毕业设计（工作室课程）							

图1—1　中央美术学院建筑学院室内设计专业一年级至五年级课程表

学生三年级开始进入室内设计专业第一学期的课程，首先让学生开始面对建筑与室内空间的关系，理解室内空间并不仅仅是单纯的几何构成，而是受外部建筑结构的影响，由使用者的行为方式引发的人与人之间的交流场所。居住空间设计作为第一门专业课程，目的让学生从小尺度的空间领域，去了解人与空间的尺度关系、私密性、领域感，以及基本的生活配套功能。学生在经过了一系列的设计训练后，已经初步掌握并总结出了一套适合自己的设计方法和思维体系。办公空间设计课程作为二年级基础课程到四年级的桥梁，它的主要任务就在于引导学生对空间理解的基础上，发现并发展他们各自所擅长的思维逻辑能力，加强理论与实践的结合。

第二节　教学目标

一、培养学生的创造性理念和实践设计技能

办公空间的室内课程设计是针对中级室内设计专业的学生所开设的一个独立而完整的专业设计项目的训练。办公空间是学生开始的第一门室内公共空间形态设计课程。这一类型的设计过程，目的是使学生了解公共空间的特点，即研究人的群体行为与空间形态之间的关系。同时，结合对室内装饰材料、光环境等因素的初步了解，通过用二维与三维结合的综合技术手法，展现学生对于空间体验表达。其目标有以下几个方面：

1.结合当下的社会背景、行业状况，创造具有革新精神的工作行为方式。使学生在创造的过程中形成个人对社会、对建筑空间、对行为模式的特有理解和解决问题的方式方法。

2.在设计中强调时间与场所的关系，由功能引申出形式的发展。

3.要求学生的设计理念能够与技术、材料的实践与控制相互渗透。

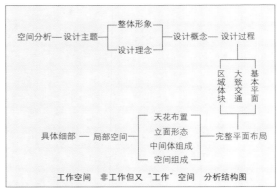

图1-2　教学流程

二、在授课过程中，应当在以下几个方面重点对学生进行讲授和训练

1.设计形式与社会环境的紧密联系

办公空间在每一个时代都体现它自身作为创造性的交流场所。所有的办公设计都是与商业策略一致，并以帮助使用者更进一步发展为目的。因此，充分了解企业类型和企业特征，才能设计出能反映该企业风格与特征的办公空间，使设计具有高度的功能性来配合企业的管理机制，并且能够反映企业特点与个性。应该让学生明白，办公空间所要创造的不仅仅是某种色彩、形体或材料的组合，而是一种令人激动的文化、思想和表达。一个企业所具有的成就感和创造力以及它所蕴涵的文化渊源，能够反映到员工们夜以继日工作的场所。

鼓励学生关注社会文化与设计之间的关系，在考虑相关的专业技能培养的同时，更多地去关注设计所根植的社会基础。在学习办公空间设计的同时，更应该对近代的工业生产发展、技术变革及社会环境的演变有一个清晰的了解，在此基础之上，才能够正确地理解办公空间设计的目的及所要表达的符合企业精神的理念（图1-2）。

2.功能的复杂性

办公空间区别于其他商业空间的重要原则：就是要研究室内长期工作的人们的日常行为，从而"利用办公空间的设计来讨论社会动力和

个人心理"，使工作人员创造出最大限度的工作效率。相对于其他性能的室内空间，办公环境更注重于较为理性的功能方面的规划与分割，在室内办公空间中存在着一系列的空间形态，了解其所包含的功能因素以及在整体空间环境中对人所产生的影响，有助于我们将人性化的概念在日常的工作方式中得到体现。今天，技术革命已经成为一个实际的、令人无法回避的现实。全球化在使世界变得更加平坦的同时，也意味着新的工作管理模式和工作方式的出现。工作流程、新的通讯技术和工作环境对任何机构的运作都变得至关重要。作为办公空间的设计，无论在空间尺度及相关设施方面都有其专业性和特殊性。因此，功能的合理性是办公空间设计的基础。只有了解企业内部机构，才能确定各部门所需面积设置和规划好人流线路（图1-3～1-6）。

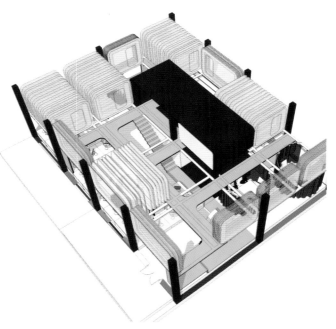

图1-3　《能量交换》04级　胡娜

图1-4　《湖南卫视》06级　黄庆嵩

图1-5 《UNStudio》05级 霍兴海

图1-6 《水墨空间》06级 李蕙

3.创造性理念与技术实践

由于办公作为公共空间所特有的功能性，决定一个办公场所的成功与否，除了美学以及空间功能划分的同时，与其所相关的物质技术手段，即各类装饰材料和设施设备等多种因素都应当去适应办公所需要的各项技术指标。除了美观、实用和安全，办公空间还多了一份营造情境与搭配完整环境的规划。在设计上，应将"人体工学"理念广泛运用于办公家具上，并协助客户进行办公室规划，充分考量办公设备的整合、环境景观的设计、动线规划及使用效率管理、网路、照明、噪音处理及搭配等细节。强调"办公室整体规划系统"的概念，尽量能结合优质的产品以及经过完整规划的环境，创造一个完美的办公空间，不仅为客户增进工作效率，更能提升整体办公空间形象（图1-7~1-10）。

总之，该课程希望通过对办公空间基础理论讲授，以方案设计的理念表达实际设计操作等过程，使学生能够把握办公空间中不同功能区域的合理划分，解决各空间围合体之间的相互呼应关系，掌握在办公环境中、家具、照明等要素的基本配置以及在色彩材料选择等方面的特殊要求。

图1-7 《小集体 大空间》① 06级 孔琳

图1-7 《小集体 大空间》② 06级 孔琳

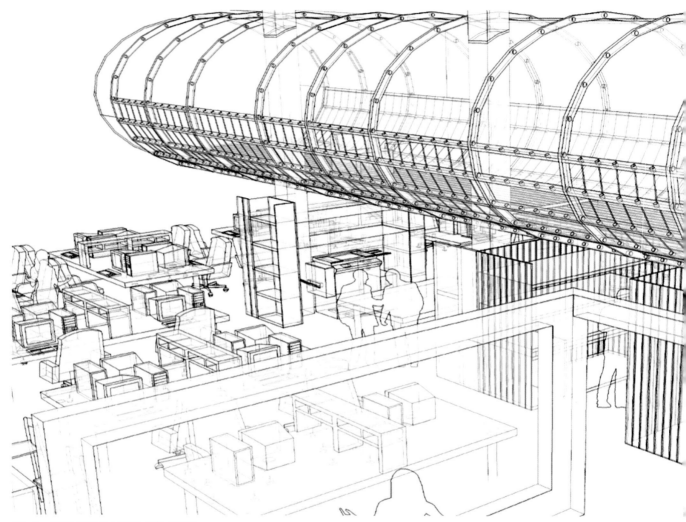

图1-8 《日常构建&铁木空间》04级 姜晓琳

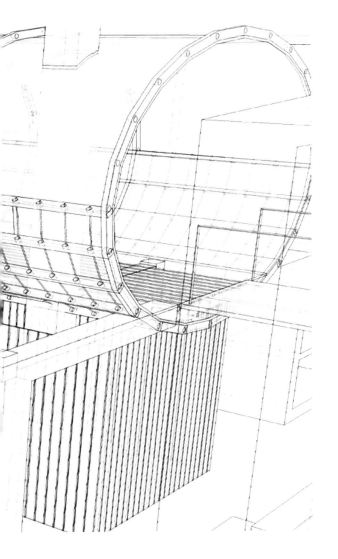

图1-9　《自由+自由》04级　秦怡梦

图1-10　《Stage》Danielle Linscheer——荷兰交换学生

第二章　课程设计

第一节　　开题

一、基地状况

位置：北京798艺术区。
面积：300平方米。
层高：6米。

二、作业描述

798作为目前最具活力和艺术潮流代表的文化中心已经经历了几十年。这一地区拥有大量上世纪新中国工业文化的历史痕迹，包括典型的包豪斯风格的厂房建筑。它和国内外许多同类型的地域经历了同样的命运，从被荒废遗忘的城市角落转变成作为时尚地标，成为当地的文化艺术聚集地。周围遍布着现代的画廊和咖啡馆。在这样的环境中，决定了设计的视野将更多地面向未来而不是过去。作业题目就是在798里选取一个既有的设计公司进行空间改造。在保留原有空间建筑结构及相关的固定设施的前提下，学生可以进行重新设计。在这一地区进行一个以厂房改造性质的办公空间设计，可以激发学生的创作热情，鼓励学生利用既有的天然的文化与空间优势，突破传统的办公空间设计理念，在工作模式和空间形态方面做大胆的创新和探索。另一方面，在原有空间中存在一些限制条件，如入口的位置、电闸的位置、卫生间上下水的位置、窗户的位置和高度等。这就要求学生必须适应在有限定的空间条件下进行二次设计（图2-1、2-2）。

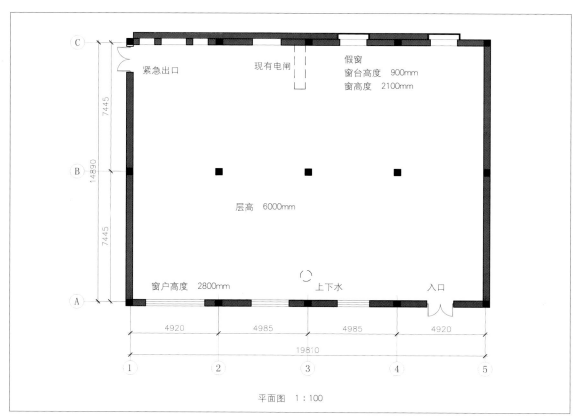

图2-1　原始平面图

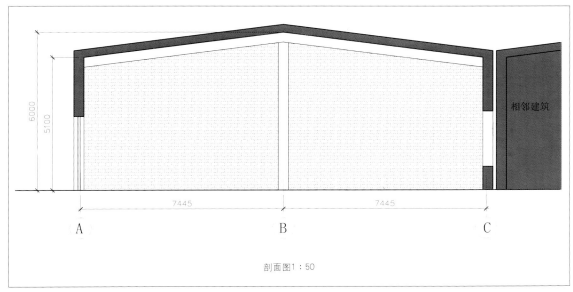

剖面图1:50

图2-2　原始剖面图

第二节　　设计任务书

一、功能要求

室内设计公司有3个合伙人，每个合伙人带领一个设计组。其中设计一组以电脑绘图、多媒体制作为主。

前台接待：1人。

等候区：可容纳4～6人休息。

办公人数：

设计一组：10人。

设计二组：8人。

设计三组：12人。

每组有一名主管，有独立工作区，但不一定是全封闭。

每组需要单独配备打印机、储藏柜。

二、三组合用一台1200mm×900mm大型喷墨绘图仪。

设计一组由于经常24小时工作，需要供1～2人使用的封闭休息室。

每组需要小型洽谈区：供4人临时内部交流或与客户交谈，开放。

会议室：可容纳8～10人开会，封闭。

茶水间：冰箱，洗手池，储藏柜，要求封闭。

卫生间：男1人，女1人，洗手池，墩布池。

财务室：2人，含保险柜、文件柜，要求封闭。

存衣：可以是单独房间或开放式衣柜。

材料室：可以是单独房间或开放式展柜，展柜长度不少于10米。

活动区：休闲放松，面积自定。

二、设计要求

必须满足功能要求，在满足功能要求的基础上，可自行增加设计特殊区域。

可以自行设定使用公司的企业形象，并根据企业形象确定设计风格，可以改变现有墙、地、天花板材料，但不可以改变结构。

平面图上所标注的电闸位置不可变动，上下水位置可变动。

可以考虑外立面入口处的设计与室内的关系。

可考虑增设夹层。

北侧现有假窗可封堵或保留，或自行设计。

在现场考察时，应对现场状况做详细勘察，在设计时不能影响现有管道位置、结构。

用设计公司作为虚拟的客户，以设计任务书的形式向学生介绍室内设计公司的组织架构、工作方式，以及让学生了解如何制订一套完整的设计任务书。学生在根据任务书的内容

图2-3　现场情况

图2-5　结构现状

图2-4　现场情况

图2-6 学生在现场进行参观与测量

图2-7 学生在现场进行参观与测量

图2-8 现场设备

进行初步设计的过程中，促进对功能的理解，控制与改良，学会在不断变化和发展的设计进程中如何遵循或改良任务书中的内容，协调功能与空间形式的相互关系。在分析任务书的过程中，学生了解在工作中，不同的团队分工与协作的工作方式，了解客户与设计师之间的关系。通过真实具体的项目任务书，使功能与形式产生并行关系，进而设计出真正可以推敲的空间形态（图2-3～2-6）。

在初期学生会觉得功能比较复杂，但由于整个空间被控制在300平方米内的双层空间，学生有能力掌控。这样学生既可以实现自己的空间创意，又能相对严谨地解决任务书中所要求的基本功能问题，同时能结合人的行为模式、材料、结构等相关因素。虽然在功能的描述上尽可能地做到严谨、翔实，具有现实意义，但整体课程的选题是开放的。学生可以自行选择设计公司的文化背景、形象特征、经营理念等。学生围绕办公空间这一基本功能的结构认知，通过空间形态来阐述办公概念的具体应用状态。鼓励学生打破传统的办公模式，从不同的人群工作状态引发的行为模式进行探索（图2-7、2-8）。

第三节　　时间安排

课程进度

第一周：讲课，布置作业，参观设计公司。

第二周：设定办公整体形象、功能分析，根据企业文化及功能进行初步平面规划，提供公司情况分析与功能计划书，讨论平面及空间形式与构成。

第三周：初步平面完成，初步立面设计，中期讲评。

第四至五周：平、立面深化，办公家具及材料设计。

第六至七周：绘制作业，制作模型。

第八周：准备演讲文件，总评。

这门课程的安排为八周，之所以制订了一套严格、详细的设计日程，是为了使学生增强自我管理能力，有效地合理使用时间。在每个阶段都对工作量和讲评时间做详细的规定，尽量将整个课程安排成更像一次真实的设计操作过程。课程分集体授课和单独辅导。在单独辅导的过程中，学生必须按既定的日程安排不断修正观点、研究设计方法，通过这一流程形成自己的思维模式和设计方法，过程中学生可以对老师的意见发出反馈甚至提出质疑，鼓励学生勇于表达自己的观点。

第四节　　作业成果要求

一、PPT演讲文件

演讲时间10分钟，叙述思路清晰，语言流利，充分表达从概念到设计成果的过程。

封面：含项目名称，表达主题的副标题（可以是一个词，或一句话，尽量简短）。

客户分析：公司情况分析与功能计划书。

设计主题：表达机构的整体形象定位及整体设计概念，文字不少于200字。

设计概念：含相关概念图片及概念草图、文字。

设计过程：含设计过程中的草图，展示方案演变过程，草图数量在8张以上。

二、图纸内容

平面图及天花布置图各1张，主要立面图6～8张，根据需要可增加局部放大图。

效果图应包含：整体空间轴测图（数量不限，但最好能将整个空间表现清楚）；重要空间的正常视点的透视图（4张以上），特殊设计的细部做法透视图（如服务台、家具、灯具、特殊造型等，5张以上）。并附加简要设计要点说明，包括必备功能空间的分配和使用情况、流线规划、色彩材料表现、照明系统、家具配置等方面的设计意图。

A3图册：根据演讲内容整理成册，并附A3

平、立面图（正规制图、手绘或CAD均可）。

图纸：平面及天花图：1：100。

立面图：1：50（6～8张）。

特殊空间放大平面图、立面图。

"彩色"模型：针对整体或局部空间做1：10～1：20模型。也可以是特殊设计的结构或家具。模型的材质和色彩应尽量形象地表达设计想法。尽可能采用实际材料或打印粘贴图片等的手法真实地表现实际效果。结构处理上通过调研尽量将结构节点以真实的手法体现。

三、作业要求

机构性质表达准确、功能划分合理、流线顺畅、设计语言恰当；图纸完整，指示清晰，图例明了，图面整洁。

作业评分标准：

设计构思与使用者特点紧密结合20%。

设计方案的合理性30%。

条理清晰，设计过程系统详细10%。

图纸表现的视觉性强 20%。

模型制作水准20%。

课程总成绩评定：

总分满分100，其中课堂出勤10%、前期参与20%、后期完善20%、作业50%。

对于最终设计成果的要求是本着"理论基础，设计实践，专业经验"的原则。通过若干个设计阶段，帮助学生建立一个专业性的知识框架和设计。

客户分析/设计主题/设计概念阶段：主要是让学生掌握文本编辑能力与客户沟通技巧。把设计作为更广阔的文化领域的一部分。在这一阶段，他们可以采用一切可以用于设计创意、发展概念的相关感性或理性的文化及视觉意向，来帮助自己进行概念整合。利用企业文化的研究和图形分析，激发学生对于设计定位的探索热情。让他们在前期学会一套收集信息、进行文化包装的战略性推广的思维方法。

设计过程阶段：通过定期的集体讲评和对设计成果详细的硬性要求，强化学生语言表达能

力和图纸综合表现能力。课程的终极目标是鼓励学生独立思考、有独创性思维。因此，语言表达与技能训练贯穿了整个课程。作为未来与客户沟通的手段，学生可以选择包括轴测图、透视图、手绘表现图和模型制作等。也可以利用电脑创作复杂的数码图像或多媒体影像放映。同时，也必须制作传统的实体模型。这样，就使学生必须广泛地学习相关技能知识，并将其合理运用于设计中，用以推敲改进自己的设计方案。学生在按照详细工作流程的同时，深入研究客户的特殊需求，强化学生的表现技巧，并能够在设计过程中熟练地运用。

强调设计过程的整合是希望学生明白，设计是一个动态发展的过程，往往不止一种结果。学生在不同时间段所产生的想法被一一记录下来，形成一个完整清晰的创作发展脉络。一方面，可以帮助学生理解在同一案例中，不同的思维方法产生的结果的各种可能性；另一方面，也使学生自己感觉到自己创作过程中的逻辑推演过程，进而在下一次设计中，改进自己的设计方法，提高设计能力。

最终成果展现阶段：对于图纸的要求则是让学生养成严谨的尺度及比例关系的意识，将感性思维转化成理性的数据。大比例的"材料模型"的制作，目的是在引导学生在塑造空间形体的过程中注意空间的表皮、材质、色彩等特性对空间的影响，有助于对空间有更加感性的理解。最终成果的要求应当与教学相辅相成。除了学生之前掌握的模型制作能力，也需要辅助于电脑表现、多媒体制作等技能。但在过程中，更强调技法对设计理念的多种表现力，而不仅仅是单纯的商业性渲染。

[复习参考题]

◎ 谈谈你对现场调研后的感想，包括室内现状和周边环境。

◎ 怎样制订项目任务书?

第三章　课程内容

第一阶段：社会生产的变革所导致的办公空间概念的演变

导读：随着社会的发展，办公空间经历了巨大而广泛的变化。自从1900年建筑设计、技术、经济、管理模式的进步，办公空间成为一个隐藏在物质表象下，具有活力的社会变革和文化现象的缩影。自工业革命以来，办公模式从作坊式家庭办公进化到流水线大批量生产式的集约型办公，进而发展到体现个性和风格的现代办公理念，每次变革都有着深刻的社会、技术、经济等背景。我们在学习办公空间设计的同时，应该对近代的工业生产发展、技术变革及社会环境的演变有一个清晰了解，在此基础之上，才能够正确理解办公空间设计的目的及所要表达的符合企业精神的理念。

第一节　社会生产的变革所导致的办公空间概念的演变

一、近代办公空间的形成

19世纪到20世纪初，西方经济的重心从农业转入到以办公室为载体的工业。政治、经济、教育乃至消费文化的变革，促使新兴管理阶层的出现，使大批的人们涌进了办公室。从事行政管理，专业信息咨询服务的人群产生了。在1919年，美国社会评论家Upton Sinclair正式提出"white collar白领"这一词汇，用来记录这一时期劳动人群的转变。而工作人群也由原先的"工人"转变成"白领"。另一方面，女性也逐渐进入到工作中。现代化迫使人们的观念转变，从而触及了经济中心——办公室。办公空间的社会性更加突出，并逐渐成为经济与技术革命的一个展示空间（图3-1、3-2）。

二、早期的办公设计理念

早期的整齐统一的办公布局是建立在Frederick Taylor"科学管理"理论和Henry Ford流水线式工厂化管理的基础之上的。西方管理界誉为"科学管理之父"的费雷德里克·泰勒（Frederick Taylor）是美国近代科学管理学的创始人。他的管理概念是建立在有关效率的"科学管理"模式。是建立在一个员工就等于一个生产单元的概念基础上。生产与管理的层次、顺序、后勤等功能要素变得程序化，是一种建立在有序基础上的社会组织模式。福特汽车公司创始人亨利·福特（Henry Ford）创立了大规模标准化的流水线生产方式。他曾说："为什么我只要一个人时，却总是得到整个人类？"他所强调的是社会动态和人的主观意识会成为生产效率的阻碍。这种从19世纪早期大规模流水线式生产发展出的厂房式办公设计，将管理凌驾于个人主观意识之上，形成20世纪早期的办公设计模式，并在之后的几十年中被广泛应用。由于其根本目的是谋求最高效率，使较高工资和较低的劳动成本统一起来，从而不断扩大再生产。这种为达到最高的工作效率的重要手段是用科学化的、标准化的管理方法，由于过分强调秩序，忽视个人因素在企业中的作用，也使它直接导致了空间的非人性化和模式化（图3-3）。

三、办公设计理念的发展

1900-1950年，钢筋混凝土大量的使用，结构的发展建筑空间提供了广阔的天地，这是一个以建筑技术为标志的时代。"二战"后的现代建筑需要一个全新的现代化的工作环境。商业运作迅速与技术相联系，建筑结构的革新使大规模的开放办公空间成为可能。空调的出现使人们可以整日整夜在办公室里。模数化的墙板、地板、天花系统，是使办公设计成为适应企业结构和技术系统持续性变化的基础。同时，办公家具的变革也导致了办公空间理念的变革。如1946年Florence和德国人Hans Knoll

图3-1　早期家庭式公司（历史图片,资料不详）

图3-2　国家收银机制造公司 1890；Daton；俄亥俄州；美国

图3-3　Order entry department at Sears, Roebuck and Company,
1913年；芝加哥 伊利诺伊州；美国　工业革命时期办公空间

图3-4　Lever House 1952；纽约；美国　1950年办公空间

图3-5　苹果电脑公司，1986；美国　1980年办公空间

建立的以包豪斯风格为主的办公家具制造体系，对现代化的办公空间起到了重要的推动作用。从打字机到电脑，从传真到电子邮件。技术的进步带来速度的进步，办公空间设计也在随之改变（图3-4）。

　　80年代，随着电脑的出现，涌现出了像苹果这样的高科技公司，他们由于技术的创新性与观念的前瞻性，从而改变了传统办公的概念，率先提出强调企业文化与个人创造力的结合，通过非正规的工作环境创造有个性的空间。Henry Ford和Frederick Taylor为代表的工业开拓者们所倡导的"工作单元"的管理模式变得日趋僵硬。随着信息技术所带来的高效性，许多企业原先建立在"有序"基础上的组织模式已逐渐被风格化、休闲化和个性化的工作环境所取代。建立合作与交流空间，使个人的创造力能够被激发，开始被越来越多的企业所接受（图3-5）。

90年代以来，伴随着信息革命、经济危机、环境污染等社会因素，办公空间在此基础上出现了新的发展。首先，以苹果产品为特征的工业产品设计直接影响了室内设计风格，在办公空间中开始以创造简单的材料来表现视觉效果（Flash without cash）。同时，为了应对迅速的市场及技术的变化，灵活性成为办公空间设计的重要原则。在设计理念上，打破传统模糊工作区域，体现团队工作精神成为企业的目标。更重要的是随着全球环境的变化，对环保等影响环境的因素要求更高（图3-6）。

随着科技的发展，在互联网时代，办公室似乎越来越不重要了。手机、电子邮件、传真、电话视频，只要这些技术能够触及的地方，已经使人们被"真实"的工作方式，面对面地需要。办公室可以是餐厅、酒吧、飞机上。办公空间将走向我们从未想象过的地方（图3-7）。

第二节 企业特征及管理结构对办公设计的影响

充分了解企业类型和企业特征，才能设计出能反映该企业风格与特征的办公空间，使设计具有高度的功能性来配合企业的管理机制，并且能够反映企业特点与个性。办公空间所要创造的不仅仅是某种色彩、形体或材料的组合，而是一种令人激动的文化、思想和表达。一个企业所具有的成就感和创造力以及它所蕴涵的文化渊源能够反映到员工们夜以继日工作的场所。

一、设计风格的定位

办公空间的意义不仅在于给来访的客户一个代表企业特征的印象。同时，也给在此工作的员工们灌输一种企业文化的认同感，使员工真正融入他们所为之服务的企业中去。办公空间的风格定位应该是企业机构的经营理念、功能性质和企业文化的反映。通过办公空间的发展表明，办公室已经代表了社会文化现象。因此，不同的企业形象对办公空间的风格起了决定性的影响。如金

图3-6 SEI 投资公司 1997；明尼苏达；美国，现代办公空间

图3-7 Steelcase 概念工作站 1997；未来办公概念

融机构希望给客户带来信赖感，因此，在设计上往往注重沉稳、庄重、自然。科技类企业由于代表技术的先进性和精密性，在设计风格上偏重现代、简洁，并对材料的视觉感要求更高。而从事设计类的创造型公司，则更注重视觉上的个性化表达。另一方面，即使是相同类型的企业，由于其服务对象的年龄、文化层次或消费能力不同，其办公空间所体现的风格特征也会根据客户的特点有所不同。室内空间的设计是以"形体、色彩、材质"等室内装饰元素来表达。在办公空间中，这些元素在满足功能的同时，都应当与企业特征及企业文化相关联。因而，决定办公空间环境的不是设计师本人的喜好，而是由企业特征来决定（图3-8）。

每一个企业的运作都是在社会和经济学的基础上而产生的行为。社会生产发展的多元化使任何商业操作模式都不是一成不变的。设计师应当对社会和经济的变化更深刻地观察和对应。只有

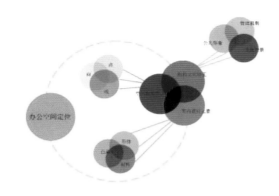

图3-8 办公空间形象定位

图3-9 SC Johnson 行政大楼 开放办公区 1939；威斯康辛；美国；赖特设计的蘑菇造型柱子

对企业的特征做深入的调查研究，与业主进行有效的沟通后，了解企业的经营理念与文化意识形态，才能了解设计所应做出的对空间的改变（图3-9）。

二、企业特征类型所体现的空间划分

在开始进行平面规划之前，应充分了解工作机构的类型、管理模式。因为不同类型的办公机构的运作方式会直接影响室内空间划分原则。机构的上下级关系、部门之间的工作合作程度，是决定空间分配比例以及空间开放或封闭的重要因素。一个好的空间规划可以使使用者有效地提高工作效率，从而创造最大化的利润。

1.专业型

在具有办公功能的同时，包含了很强的专业

技术功能区域。如电视台、电台等新闻媒体，其含有演播室、编控室、采编机房等专业区域。交通指挥部门包含有指挥中心、专业机房等。此类办公机构由于特殊的技术要求，使内部划分非常复杂，需要设计师与相关广播、电视、设备等专业密切配合，协调专业功能区域与普通办公区域的流线及装修界面的交接（图3-10）。

2.封闭型

指传统的政府行政单位，或是从事事务管理为主的服务性机构。如会计事务所、律师事务所等。此类机构由于上下级等级关系，部门分工明确、工作属性自主，不需要太多部门和个人彼此之间的交流。因此，在空间划分上，多以小型空间或者封闭的个人办公室为主（图3-11）。

3.开放型

以团队工作为主，部门之间交叉频繁，员工之间互动性较高。如设计事务所、媒体等富有创意性的工作机构，或是像技术开发、保险处理等专业咨询机构。此类办公环境多以开放空间为主，强调部门之间的合作和员工个人之间的交流（图3-12）。

4.灵活型

由于网络技术的高速发展，使工作空间不仅仅局限于传统的办公室。一些新兴行业的专业人员开始将工作地点传递于办公室、家庭或之外的公共空间。例如新兴的资讯公司、媒体行业、销售型行业等。由于工作人员经常外出，或工作性质流动性很强且没有一致的上下班时间。因此，此类办公空间需要考虑兼顾个人独立工作和多人共同工作的灵活性，以及共享办公空间的可能（图3-13、3-14）。

在面对综合型的大型企业的时候，由于大型企业的功能结构比较复杂，不同部门的运行方式存在极大的差别，因此，往往会出现不同的管理特征共存于同一个空间内的情况。因此，在设计

图3-10　AT&T控制中心，美国，新泽西，《室内设计》
2000年7月

图3-12　Oxygen Media 办公室，美国，纽约，《architectural Record》
2000年9月

图3-13　可移动工作站，概念设计

图3-11　American Guaranty Corporation 美国，伊利诺伊，设计：
Gary Lee合伙人事务所

图3-14　Oxygen Media 办公室，美国，纽约，《architectural
Record》2000年9月

过程中，应认真对企业结构进行分析，确定符合其管理特点的办公空间。

阶段教学总结：提高学生对于办公空间类型的更深刻的理解，首先向他们介绍丰富的办公历史发展知识和当代多元化的现代办公理念，这些信息的传授使学生不仅丰富了相关的知识，也会对他们以后的专业化发展有所帮助。在过程中，引入文化与生产技术等方面的知识，希望通过简短的介绍来引发学生对于建造的个人探索兴趣。在设计的前期概念阶段，主要围绕学生在风格定位的文本工作和模拟与客户沟通方式的环节上。通过对虚拟客户的前期调研和掌握企业自身的核心价值的训练，学生能够尝试文本与图片结合的多种表达方式。通过调研，他们学会总结出不同企业文化的空间特点，形成各自的实际定位的雏形。通过广泛地了解在当下盛会背景下，不同地域、文化、行业客户的不同要求，培养写生对"客户"这一对象的深刻的认识。在这一阶段，学生可以自由的畅谈设计理念，探索空间的可能性。为进入下一阶段做准备（图3-15～3-21）。

业主情况

业主是一个年轻的设计团队，他们的设计主要以公共空间为主：餐厅、酒吧、专卖店是他们主要面对的。

方案概念

在798艺术区，管道成为该区的标志性物件。设计者想把管道从室外植入室内，让工作人员在一个特别的空间寻找灵感、休息、做设计，使工作区到这个空间有一个戏剧性的变化。

图3-15 前期调研 姜晓琳

  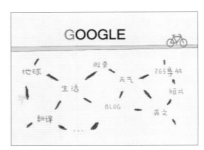 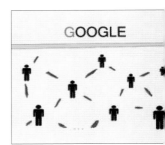

图3-16至图3-19　前期调研　胡侃侃

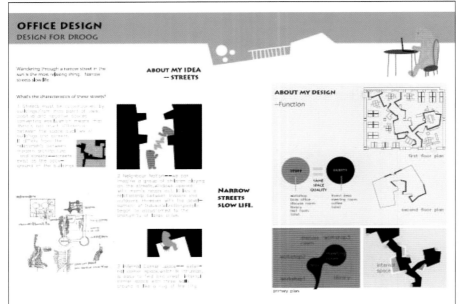

图3-20　前期调研　王小汀

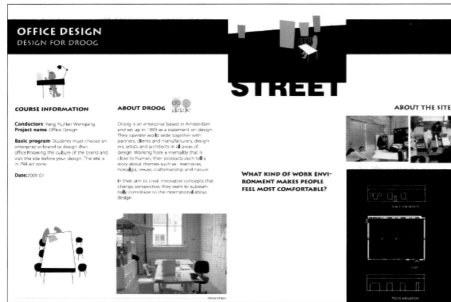

图3-21　前期调研　王小汀

第二阶段：办公环境空间要素

导读：在室内办公空间中存在着一系列的空间形态，了解其所包含的功能因素以及在整体空间环境中对人所产生的影响，有助于我们将人性化的概念在日常的工作方式中得到体现。作为一个成功的企业，应该让员工感受到个人的创造力在这里不会再被科学化管理所扼杀。影响人们工作情绪的最好办法莫过于置身于舒适、并且充满活力的环境之中。个人的思想可以在这样一种环境中得到自由的发挥，而这种环境正体现了现代办公机构的工作方式，一种以人为本的愉悦的工作状态的共鸣。

图3-22 Vitle Caturano公司 新西兰

作为办公空间的设计，无论在空间尺度及相关设施方面都有其专业性和特殊性。因此，功能的合理性是办公空间设计的基础。只有了解企业内部机构才能确定各部门所需面积设置和规划好人流线路。事先了解公司的扩充性亦相当重要，这样可使企业在迅速发展过程中做出对应策略。

第三节　办公环境空间要素

一、空间形态

1.工作环境

开放办公区域作为群体工作的场所，根据现代办公空间的理念，强调打破传统的职能部门之间的隔阂，促进工作中人与人之间的相互认识和良好的互动，建立合作精神。但开放办公并不意味着整齐划一的简单工作单元的排放，如同20世纪早期的厂房式办公空间。而是在设计时，利用现代办公家具的灵活多变的组合功能，根据部门人员配置及配套设施的功能需求进行组合，根据现场环境情况，在空间中分为若干个工作区域。同时，所有的空间布局都应当以增加空间利用率

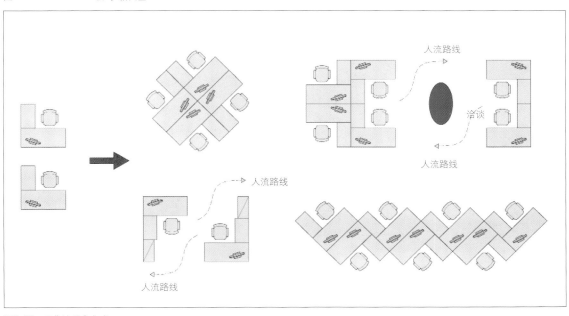

图3-23 工作站组合方式

和家具使用率为原则。即使在一些不规则的、富于变化的平面布局中，实际上也是建立在有机的空间内使用标准化的办公家具单元组合而成的（图3-22、3-23）。

2. 交流区

随着竞争的日益激烈，人们停留在办公室的时间越来越长。处在长期的工作状态中，人们更加渴求与他人的沟通和了解，来缓解长时间工作造成的孤独感与精神压力。

在办公空间的设计中应体现以人为本的原则，一方面，在开放办公空间中可以设计小型的半开放的空间，配备小型的圆桌和坐椅，及网络电讯设施。另一方面，茶水间、阅览室等传统概念中的附属空间在满足自身功能需求之外，也同样承担起这一职责。这些空间作为工作人员之间或与客户之间的"非正式"洽谈场所，有利于人与人之间的信息交流和相互了解。像这样的交流空间的概念来源于城市空间的场景，增强了交流环境的都市氛围，使人们的交谈更加轻松（图3-24）。

3. 交叉空间（界定空间区域）

传统的"密度效率"、"空间效率"强调在有限的空间内，最大化地设置工作单元的数量。而现代的办公空间设计则以创造更舒适、轻松的工作空间来提高人们的工作热情和良好的机构形象为目标。交叉空间是"城市化"的室内空间，以内街或广场等建筑概念将空间划分出内外区域，这些相对独立的内部空间根据功能需求，可以被设置成展示，打印，或者人们临时聚集的空场等不同功能性区域。由此产生的空间形态不再是整齐密集的空间划分，而是通过灵活多样的空间分隔创造出独特的工作环境（图3-25）。

4. 流动空间

流动空间包括走廊、通道等非工作区域。为了促进人们的交流和协作，应尽量消除通道与办公区的界限，利用通道等附属空间与办公和交

流相结合。在这些区域内设置舒适的休闲设施、配套的网络信息设备，增加工作的自由度，从而提供即兴的聚集地，使办公环境更灵活。另一方面，当工作人员或客户从办公空间的一端走到另

图3-24　Concrete Mediam办公室 纽约；美国 《architectural Record》2001年6月

图3-25　都市影视公司 1995；纽约；美国

一地点的过程中，利用界面的艺术陈设等视觉装饰及色彩给人们形成一种"体验"，加强对室内环境的视觉感受（图3-26）。

二、环境要素

1.色彩环境

（1）色彩的直接效应来自于色彩的物理光刺激对人的生理发生直接影响。不同的人对色彩有不同的反应。办公空间是人们群体工作的场所，提高工作效率，创造舒适的办公环境是办公设计的出发点。因此，在对空间界面的色彩选用上，应注重共性，满足多数人对色彩的舒适性的生理反应。采用中性的、简洁明快的色彩搭配。

（2）现代设计已经越来越趋向于各学科的融合。工业产品设计、视觉形象平面设计、室内办公空间设计已经成为相互关联的系统工作。在色彩的设计上应配合机构的整体形象及文化特征，体现一致性。在前厅、会议等内外交流频繁的区域内，利用色彩对人们的心理影响，与机构形象和文化特征所强调的色彩元素相结合，创造体现机构形象的色彩环境（图3-27）。

2.环境与标志系统

在大型办公空间，很重要的一个方面就是以"导向"为目的的设计，就是标志系统（sign）。通常，在办公空间里采用"混合系统"，即由多个标志种类的组合构成的系统。根据对环境中人的"动线"（移动方向）的分析，在设定平面动线后，选择相应的转折点和功能区域的明显位置来设置标志。例如，在通道口、会议室、卫生间等。因为需要在设计的环境里选择多个转折点，所以要为转折点赋予多项指示功能。在现代办公环境中，标志系统作为视觉引导，即"动线"的方向性指引。同时，也作为体现办公空间的风格特征的主题元素。标志的设计是办公机构的文化及特征的反映，因此，在空间设计中，应充分利用标志的色彩、造型，将其融入室内环境中，通过设计手段使标志不仅能够达到清晰的指引功能，也可以借此强化机构文化在办公空间中的视觉冲击力（图3-28）。

图3-26　纽约Red-Sky 网络公司，美国，纽约，美国《室内设计》2000年9月

三、办公心理环境

现代室内设计理念不再将人与环境看做孤立的存在。而是强调以人为本，去研究办公空间内人的工作状态及行为习惯。办公空间作为人群长期共同工作、交流的场所，人们的心理、行为因素涉及办公空间的形式、尺度、动线流向。个人的心理因素，人与人的心理影响和交流，人与环境的相互影响构成了办公心理环境的体系。根据环境心理学的理论，办公空间的设计应当结合办公行为的特点，根据人的心理因素去研究如何组织空间布局，如何设计空间界面、办公家具及配套设施、色彩、照明等各项内容。

1. 领域性与人际距离对空间的影响

在办公空间中，人们最常见的两种行为状态为工作与交流。不同的行为状态要求有相应的生活和心理范围与环境，由此产生了人体距离的概念。根据工作状态或交流状态所需要的密切程度，可分为"密切距离，人体距离，社会距离，公众距离"。在空间划分时应考虑不同行为状态下，适当的人际距离所需要的空间尺度。

2. 私密性与尽端趋向

在综合性的办公空间中，开放空间与私密空间是并存的。对于相对独立的封闭办公室和会议、洽谈、打印、茶水间等区域，在分隔上应考虑包括视线、声音等方面的隔绝要求。在开放办公区的工作单元的安排上，利用人们"尽端趋向"的心理要求，尽量设置在空间中的尽端区域，即空间的边、角部位，避免在入口或人流活动频繁的地点设置工作位。应充分考虑个人所需要的心理环境，给人以舒适、安定的氛围，避免干扰，提高工作效率。

3. 空间的归属感

对于工作在同一个开放空间的人们来说，过于空旷和开放的工作环境会使人产生孤独和空旷的感觉。通常人们会借助于空间中的依托物来增

图3-27　TV Land办公室，美国，纽约，美国《室内设计》2003年5月

图3-28　Absolute办公室，美国，纽约，设计：Frederic Schwartz，美国《室内设计》2002年8月

强归属感和安全感。因此，在设计时，应合理利用文件柜、柱子、隔断、绿色植物等室内构件来界定空间领域；或者利用地面颜色、照明、材质的变化对不同的空间进行界定和区分。这样可以使人的活动更加轻松自然。

4. 空间形态对心理的影响

员工工作时的精神状态对于任何机构来说都是影响工作效率的重要因素。因而，由界面造

型、色彩、灯光环境构成的空间形态对工作人员的心理会产生很大影响。例如，在以水平、垂直线为主的空间内会给人以沉稳、冷静的感受；而在以斜线、多角度的不规则空间内给人以动态、富于变化的心理感受。因此，室内空间的形态需要符合人的工作方式和心理特征，同时，根据心理环境对人的心理暗示的特点，利用环境对人的行为进行引导。

第四节　办公空间的功能划分及功能要求

办公空间的功能划分基本是按照对内和对外两种职能需求。两者所承载的人员性质及功能配置要有所不同。对外职能包括前厅、接待、等候、客用会议室、客用茶水间（咖啡厅）、展示厅等。对内职能包括工作区、内部洽谈／会议室、打印／复印区（室）、卫生间／茶水间、员工餐厅、资料室等业务服务用房，机房等技术服务用房。

机构在处理对内和对外职能划分时，是根据内部管理方式和机构运行模式来综合考虑的。一般来说，对外职能部门会被安排在靠近主入口的地方，便于对外来访客的接待。在动线处理上，根据现场的空间状况，尽量将通往内部办公区域的路线与访客通往接待区域的路线分隔开来。在一些技术性较强的办公机构，由于自身工作的尖端性和保密性，通常会采用门禁系统将外部职能区和内部工作区严格分开。其目的就是做到内部工作人员不受外来访客的干扰。在对内职能区域的处理上，有的机构将所有辅助和服务功能统一安排在某一区域，集中管理；有的机构会将这些功能根据工作人员的人数及使用习惯分散在工作区内，在动线上使所有工作人员都能够便于接近。尽管不同机构对功能的要求有所区别，但最重要的是要协调好办公区域和辅助用房、服务用房的动线关系，做到不影响办公区的工作环境，同时满足办公人员的使用便利和自身功能要求。

一、工作区

工作区是办公空间的主体结构，根据空间类型可分为独立单间式办公室、开放工作区。不同性质的机构根据业务范畴可分为领导、市场、人事、财务、业务、IT等不同部门。在进行平面布局前，应对客户所提出的部门种类、人数要求、部门之间的协作关系充分了解（图3-29）。

独立单间式办公室一般按照工作人员的职位等级分为普通单间办公室和套间式办公室。套间式办公室包含卧室、会议室、卫生间等功能。一般而言，单间普通办公室净面积不宜小于10平方米。开放工作区指个人工作位之间不加分隔或利用不同高度的办公隔断进行分隔的办公空间。其基本原则是利用不同尺度规格的办公家具将这一区域内不同级别的单元空间进行集合化排列。开放办公区内根据职位的级别和功能需求，又可以分为普通员工的标准办公单元、半封闭式主管级工作单元（区）、配套的文件柜以及供工作人

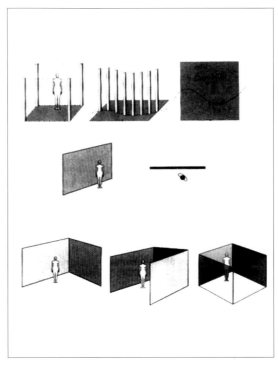

图3-29　办公心理环境

员临时交谈的小型洽谈或接待区等。在设定开放办公区的面积时，首先应当了解所要使用的标准办公单元、主管级较大办公单元、标准文件柜的尺寸及数量等具体设施要求。一般办公状态下，普通级别的文案处理人员的标准人均使用面积为3.5平方米，高级行政主管的标准面积至少6.5平方米，专业设计绘图人员则需要5.0平方米。开放式办公空间中家具、间隔的布置，既需要考虑个人的私密性和舒适度，又要注意合理的通道距离（图3-30）。

二、公共区：前厅，等候，会议，展厅

作为公共区最重要的组成部分，前厅接待是最直接的向外来者展示机构文化形象和特征的场所，及为外来访客提供咨询、休息等候的服务。另一方面是在平面规划上形成连接对外交流、会议和内部办公的枢纽。前厅基本组成有背景墙、服务台、等候或接待区。背景墙主要作用在于体现机构名称、机构文化。服务台一般设在入口处最为醒目的地方，以方便与来访者的交流。其功能为咨询、文件收发、联络内部工作区等。在设计时，应根据机构的运行管理模式和现场空间状况决定是否设服务台。如果不设服务台，则必须有独立的路线，办公区域展示系统，使访客能够自行找到所要去往区域的路线。等候接待区主要设立休息椅等家具配置；同时应具备方便为客人提供茶水、咖啡等服务的设施。有的机构会为对外接待独立设置小型餐饮区。总之，在前厅接待的设计上应注重人性化的空间氛围和功能设置，让来访者在短暂的等候停留过程中在一个舒适的环境里充分感受办公空间的文化特征。

会议室可以根据对内或对外不同需求进行平面位置分布。按照人数则可分为大会议室，中会议室，小会议室。常规以会议桌为核心的会议室人均额定面积为0.8平方米，无会议桌或者课堂式座位排列的会议空间中人均所占面积应为1.8平方米。大会议室由于经常有外来客户使用，因此一般属于对外职能。中型、小型会议室则根据机构内部的使用分布在不同的职能部门区域。目

图3-30 Deutsch Agency 办公室，美国，洛杉矶，美国《室内设计》2002年9月

前，办公自动化的进步正在影响办公管理系统。在一些规模较大的机构内，开始实行会议系统统一管理的方式，即将大部分的大、中型会议室集中在某一楼层或区域，将会议室进行编号。任何部门在需要开会前必须对会议时间、会议长度以及会议室编号在内部网络上进行预设。会议室内部设备会根据预订时间自动开启和关闭。这样，不仅便于会议室的日常管理，同时也能够控制会议时间，提高工作效率。

作为集中交换信息的场所，随着电脑化办公越来越普及，会议室的功能配置非常重要。在设施上，虽然不同的使用者所要求的设备情况有所不同，但作为设计师应当了解其中典型的设备情况。一般来说，大会议室兼顾了对外与客户沟通和对内召开机构大型会议双重功能。有时又有会议、舞厅、宴会厅等多功能性质。因此，在设备的配置上应当是最为齐全。其基本配置有投影屏幕、写字板、储藏柜、遮光。在强弱电设计上，地面及墙面应预留足够数量的插座、网线；灯光应分路控制或为可调节光。根据客户的要求考虑

图3-31 中国气象局华风影视大楼，中国，北京，《中国室内设计年鉴》2006年

图3-32 Bul Accenture 办公室，新加坡，美国《室内设计》2003年5月

是否应设麦克风、视频会议系统等特殊功能（图3-31、3-32）。

展示是很多机构对外展示机构形象或对内进行企业文化宣传、增强企业凝聚力的功能。具体位置应设立在便于外部参观的动线上。作为独立的展示间，应避免阳光直射而尽量用灯光做照明。另外，也可以充分利用前厅接待、大会议室、公共走廊等公共空间的剩余面积或墙面作为展示（图3-33）。

三、服务用房：档案室，资料室，图书室，复印，打印机房

服务用房主要包括为办公工作提供方便和服务的辅助性功能空间。

档案室、资料室、图书室应根据业主所提供的资料数量进行面积计算。位置安放尽量在不太重要的空间的剩余角落内。在设计房间尺寸时，应考虑未来存放资料或书籍的储藏家具的尺寸模数，以最合理有效的空间放置设施。在设计资料室时，应了解是否采用轨道密集柜。一方面，根据密集柜的使用区域进行房间尺寸计算；另一方面，如果面积过大，则需要考虑楼板荷载问题，需要与结构建筑师共同确定安放位置。服务用房应采取防火、防潮、防尘等处理措施，并保持通风，采用易清洁的墙、地面材料。

由于噪声和墨粉对人体的伤害，复印、打印机房主要考虑墙体的隔音以及良好通风。不同的机构性质会有不同的设计原则。某些机构会设立专门的复印、打印机房，有些机构则随工作需要将机器安置于开放办公区域或各部门内。

四、卫生间，开水间

卫生间和开水间在很多项目中是作为建筑配套设施提供给使用者。但在一些设计项目中，业主会提出增加内部卫生间和开水间、或在高级领

图3-33 中国气象局华风影视大楼，中国，北京《中国室内设计年鉴》2006年

图3-34 Deutsch Agency 办公室，美国，洛杉矶，美国《室内设计》2002年9月

导办公室内单独设立卫生间。在设计时，不仅要考虑根据使用人员数量确定面积和配套设施，以及动线上的使用便利。同时，应当了解现有建筑结构，考虑同原有建筑上下水位的关系，从而确定位置，或及时与给排水设计人员沟通，充分考虑增设过程中会遇到的问题（图3-34）。

五、后勤区：厨房，咖啡／餐厅，休闲娱乐

后勤配套服务的目的在于给工作人员提供一个短暂休息、交流的场所。因而，在环境和设施上要做到卫生、健康和高效。在隔声方面应避免对其他部门的影响。因此在平面布局时需要注意与周围环境的关系，并且结构上要做吸音处理。排风系统的运转应保证良好的空气质量。室内墙、地面以及台面等材料应易于清洁保养。

六、技术性用房

技术性用房包括电话总机房、计算机房、电传室、大型复印机室、晒图室和设备机房。在设计上应当根据业主所选用的专业机型和工艺要求进行平面布局设计，预留足够的空间放置设备。并且与相关技术人员配合，确定具体位置是否便

于后期使用时的技术服务。

总结：这一阶段是课程中最重要的组成部分。学生将在这一阶段完成平面图和基本的空间构成形式。办公空间作为实际应用案例设计，功能的合理性是衡量设计的优劣的前提。但是，传统的设计教学往往孤立地将平面功能布局与三维空间构成分离，长时间的单一的研究功能平面容易使学生的设计思维产生断裂，以至无法将最初的设计概念发展成有效的空间形体。因此，在教学中应当紧密地将二维平面与三维空间联系在一起，训练学生用三维空间来解决二维的功能布局问题。在平面布局的过程中，大量对于功能的教授，目的是让学生从功能对人的行为方式的影响入手，将行为与场所的相互关系作为设计的出发点。在进行平面功能布局时，不要单一地考虑某一个功能区的合理性，而是要将各个分区连贯地考虑，形成完整的人流动线。在研究人流时，应同时建立最初的水平、垂直动线，并产生空间体量。鼓励学生采用草图模型及手绘快速表达等手段，研究功能流线与空间构成的关系（图3-35～3-49）。

图3-35 Bul Accenture 办公室，新加坡，美国《室内设计》2003年5月

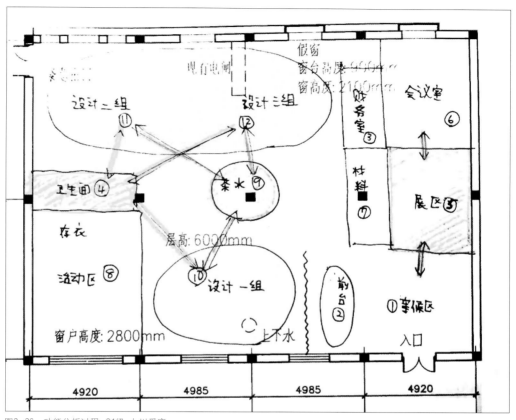

图3-36 功能分析过程—04级 大川爱家

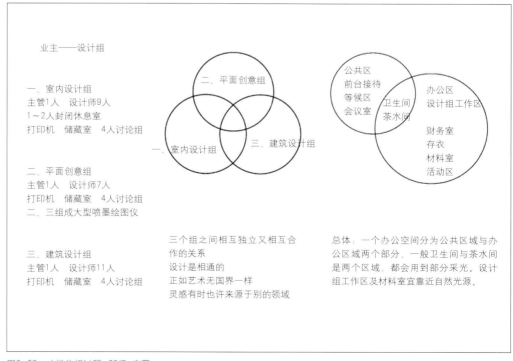

业主——设计组

一. 室内设计组
主管1人 设计师9人
1~2人封闭休息室
打印机 储藏室 4人讨论组

二. 平面创意组
主管1人 设计师7人
打印机 储藏室 4人讨论组
二. 三组成大型喷墨绘图仪

三. 建筑设计组
主管1人 设计师11人
打印机 储藏室 4人讨论组

二. 平面创意组

一. 室内设计组　　三. 建筑设计组

公共区
前台接待
等候区
会议室　卫生间
　　　茶水间

办公区
设计组工作区

财务室
存衣
材料室
活动区

三个组之间相互独立又相互合
作的关系
设计是相通的
正如艺术无国界一样
灵感有时也许来源于别的领域

总体：一个办公空间分为公共区域与办
公区域两个部分，一般卫生间与茶水间
是两个区域，都会用到部分采光。设计
组工作区及材料室宜靠近自然光源。

图3-37 功能分析过程—06级 李蕙

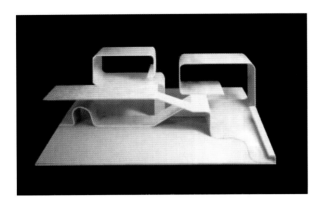

图3-38 功能分析过程-04级 大川爱家

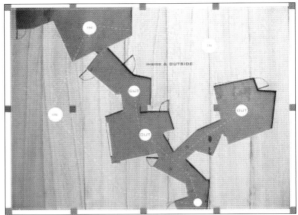

图3-40 功能分析过程-06级 王小汀

根据以上的分析得出如下功能的大体分布图。

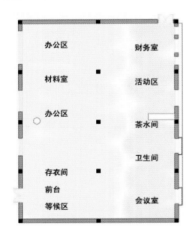

根据以上的分析得出如下功能的大体分布图。

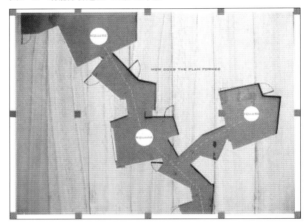

图3-41 功能分析过程-06级 王小汀

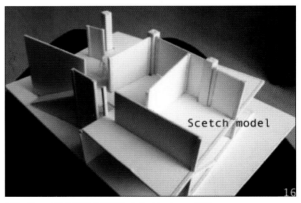

图3-42 功能分析概念模型Danielle Linscheer-荷兰

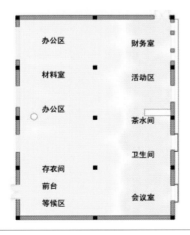

图3-39 功能分析过程-06级 李蕙

图3-43 功能分析概念模型Joyce Brouwer-荷兰

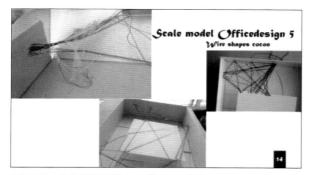

图3-44 功能分析概念模型Joyce Brouwer-荷兰

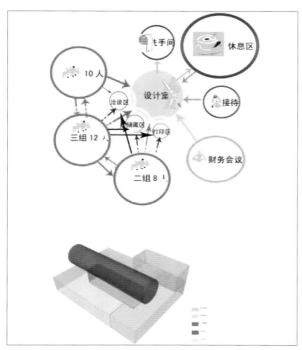

图3-45 功能分析过程-04级 姜晓琳

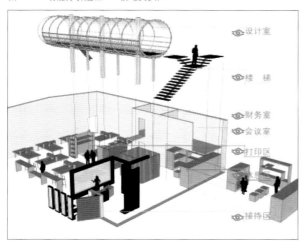

图3-46 功能分析过程-04级 姜晓琳

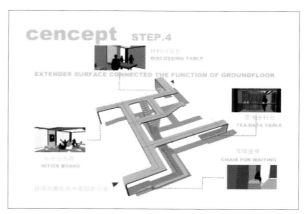

图3-47 功能分析过程-04级 胡娜

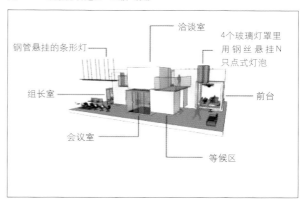

图3-48 功能分析过程-04级 秦怡梦

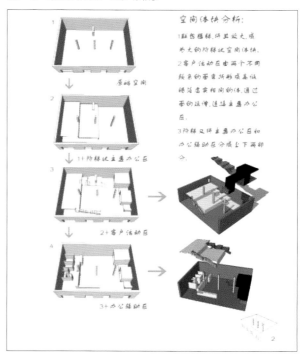

图3-49 功能分析过程-04级 夏文玲

第三阶段：办公设备与环境要求

导读：办公设备与照明、声学等环境的相互协调，才能构成完整的办公室整体规划系统。在对办公家具的配置上，应结合"人体工学"理念，并且根据客户对整体办公环境的系统规划，考虑功能使用及未来可发展的动态观。空气环境、光环境、声环境的物理环境质量是直接对人的工作效率和健康产生影响的因素。在设计上，必须符合国家相关法规，根据设计理念和功能需求，结合现场状况进行科学、合理的设计（图3-50）。

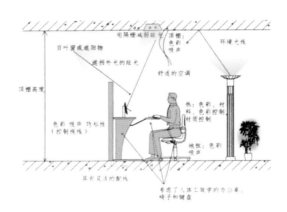

图3-50 办公环境示意图

第五节　　办公家具

一、办公家具应用理念

办公家具在办公空间中主要体现以下几方面：

1.功能性：利用现有的空间提供给工作人员便利的工作环境，扩大高效的空间使用率，提高工作效率的同时，满足人们工作的舒适性。

2.形象特征：随着办公空间的个性化，越来越多的机构和设计师根据自身办公的文化形象及空间特点，偏向于特殊定制的家具系统。办公家具已经成为了室内设计的一部分。他与空间造型、材质、色彩相结合，体现办公空间整体形象。

3.在很多新的办公室空间的概念中，上下级之间没有必要划分出鲜明的空间界限，不再以某人办公室的大小、景观好坏判断一个人的身份地位。很多机构都以办公家具的尺度、材质及配套设施来区分上下级的关系。这样高级主管才能更为接近其余广大的员工。

图3-51 Eddy 工作站, Haworth, 1997

二、办公家具发展

1906年赖特（Frank Lloyd Wright）设计了Larkin行政大楼（图3-51、3-52）。在他的家具设计中，开始真正具有现代办公家具的特征。家具采用折弯铁皮的金属工艺，固定金属文件柜，储藏文件的抽屉，悬挑式折叠椅，体现了

图3-52 服务台：Clive Wilkinson设计

动态功能意识，同时，便于清洁。其整体是一个有机的系统。从此以后，办公家具开始与工业产品制造的发展相关联。在40年代，"工作站（Working Station）"的概念开始被提出。它包含了书写工作桌面、固定存储系统，同时包含打字机、文件柜、工作灯等配套设施。在此至今，工作单元始终遵循着这个体系。而目前的办公家具设计理念，由于受到网络信息发展的影响，则更侧重于开放、灵活（图3-53）。

三、办公家具配置

办公家具从使用上分为工作家具和辅助家具。工作家具指为满足工作需要而必须配备的工作台、工作椅、文件柜等。辅助家具指为满足会谈、休息、就餐等功能以及特殊的装饰性陈设家具。办公家具的配置应当根据家具的使用功能、结构和原理，针对不同的空间进行合理配置。

1. 办公家具的人体工程学

根据人体工程学的理论，人们在空间中工作时的活动范围，即动作区域，是决定室内空间及配套设施的尺度的重要依据。人体的结构与尺度是静态的，固定的。而人的动作区域则是动态的。是由行为的目的所决定。在对办公设备，家具的尺寸数据，使用功能的设计上应考虑人们活动动态与静态的相互关系。必须符合人的活动区域范围，提供活动空间。同时，也要考虑使用的便利性和安全性，有效地节省空间、提高工作效率。尺度的设计原则重要的是适应大多数人的使用的标准。例如：对门的高度、走廊、通道的净宽，应按照较高人群的尺度需求，并且加以余量。对需要人触摸到的位置高度则应当按低矮人群的平均高度进行设计。对于办公桌、办公椅等工作单元的设计，按照目前的办公家具概念，根据具体的环境和使用者，应当设计可调节尺度的功能（图3-54、3-55）。

2. 利用组合功能进行空间分隔

现代办公家具是在工业化生产的模式下，采

用标准配件的集合组装。在尺寸、颜色、造型方面都具有统一性，可进行多样式组合选择，互相搭配运用。在开放工作空间中，可以根据空间的

图3-53 带折叠椅的桌子Larkin 行政大楼，1906，Frank Lloyd Wright，美国，纽约州

图3-54 Westwayne 多媒体广告代理公司，美国，亚特兰大，美国《室内设计》2002年1月

图3-55 Publicis & Hal Riney总部办公室，美国，旧金山，美国《室内设计》1999年3月

布局要求，利用组合功能形成多种分隔区域。在不同状态中的分隔空间内可以利用办公隔断的高度来营造不同的空间环境。例如：在个人工作单元内应尽可能让个人空间不受干扰，在端坐时，可轻易地环顾四周，伏案时则不受外部视线的干扰而集中精力工作，这个隔断高度大约在1080毫米；在一个组合工作单元中的桌与桌相隔的高度可定为890毫米；而办公区域临近走道的高隔断则可定为1490毫米。

3. 形式与环境的协调

办公家具的形式是和整体空间相互影响的。一方面，可以通过大规模的整体造型、材质和色彩来确定空间风格和机构性质。另一方面，也可采用中性、简洁的家具形式，色系搭配来配合由空间界面的材质、色彩所营造的整体氛围。总之，它应当与空间的材料、色彩环境等风格相协调。并且，在家具的选择上应当符合机构的文化特征，使办公室环境更整体更完整。

第六节　　灯光配置要求

办公照明设计应当本着节能、环保、高效的原则，以保证人在工作状态中的舒适性为前提。办公照明一般分为自然光和人工照明两个部分。人工照明分为：泛光照明，即来自顶棚的大面积照明系统；集中照明，即设在工作台为了方便近距离读、写所需的照明系统；装饰照明，即为了突出室内装饰陈设而附加的照明系统。根据不同的使用功能和空间区域，对照度的要求也有所不同。

一、自然采光

由于办公时间几乎都是白天，人在自然光线下工作会感觉舒适与轻松。利用自然采光，可节省30%以上的夏季用电量，符合环保、节能的理念。因此，办公照明应采取人工照明与天然采光结合设计而形成舒适的照明环境。由于光线的季节性与日常性变化，利用自然光应根据不同地点，选择光源的亮度比例。在大型办公区域可分隔成若干区域，设计分路控制开关，根据光线的变化来控制区域照度，在会议室内则可采用可调节灯光照明。

二、照度分布

办公空间的主体照明来自顶棚，主要采用内嵌式或垂吊式荧光灯。位置与照度分布是根据建筑空间结构和平面布局的功能要求。从节能的角度出发，办公室天花板的全面照明应以满足基本的均匀照明为标准，通常不需要太亮（超过500Lux以上即可）。由于不同的工作特点对照度的要求不同，因此，对于绘图、审核、监测等特殊功能需求就需要配置台灯、射灯等独立的集中照明。工作面的光照度与周围的物体表面亮度应有一个适度的亮度比。一般来讲，比较理想的亮度比为：工作对象与邻近物体表面的亮度比应为3：1；工作对象与稍远较暗物体表面的亮度比应为10：1；工作对象与稍远较亮物体表面的亮度比应为1：5。

会议室照明要考虑会议桌上方的照明为主要照明，使人产生中心和集中感觉。照度要合适，周围加设辅助照明。

装饰照明的主要照射方式为射灯和反光灯槽等形式。它应当以强调所照射的物体或结构的形态、立体感为主。其目的是打破单一背景照明的呆板感觉，丰富空间层次，使材料的质感更加突出。在使用射灯"洗墙"时，避免距墙过近，形成光斑。由于装饰照明所用灯具及使用性质都与其他照明不同，因此，应配备分路控制开关，可独立掌握使用时间。

三、防止眩光

直射眩光的产生是由于在较暗的物体表面或者观察目标里出现过亮的光源而引起。例如顶棚的直接照明，通常采用格栅、挡板或交叉片遮挡光源，或调整视点与光源的角度。过亮和过暗的界面对比会造成眩光，因此需要加强眩光光源周围的亮度。随着电脑办公的普及，工作台附近的照明光源也会在电脑屏幕上形成反射眩光。为防止此类眩光，应当调整光源的照射角度，尽量避免光源直接照射在电脑屏幕的界面上。

四、显色性

显色性指光源的显色指数（Ｒａ），通常情况下，办公空间的显色指数应达到70≤Ｒａ≤85。

第七节　材料应用要求

办公空间作为公共空间，其特点是室内界面与配套设施都需要承受人群的频繁接触与使用，因此，在材料的使用上，应当充分考虑材料的耐久性、安全性及便于维修等要求。另一方面，作为群体长时间的工作场所，环境的舒适性是影响人们工作效率和健康的决定因素。在满足视觉装饰的审美需求的同时，对材料的选用应当考虑对光环境、声环境等室内物理环境的影响。

一、防火，便于安装、清洁和养护

办公空间的饰面材料主要涉及天花、墙面、地面、柱子等空间界面，以及服务台等配套设施。办公室天花材料被广泛使用的有轻钢龙骨石膏板、硅钙板、铝龙骨矿棉板和轻钢龙骨铝扣板等。这些材料的共性是具有防火性，而且有便于大面积作平板吊顶的特点。硅钙板、铝龙骨矿棉板和轻钢龙骨铝扣板等由于具有可拆卸的特点，便于后期对设备的维护，较多地在办公空间中使用。由于办公空间内的人群流动较频繁，因此，墙面及地面用材主要考虑耐久性、便于清洁和养护。

二、防止光线反射

当光源直接照射在反射度较高的表面材质上，会形成较强烈的反光影响视觉，容易在视觉上产生干扰影响注意力。在离工作台、会议室等需要长时间工作的地点较近的区域内尽量减少玻璃、镜面、不锈钢等有较强的反射率的材料。使用涂料、织物等吸光材料，便于工作者将视觉集中于工作面上。

三、减少噪声

办公空间的声环境会影响人们工作的情绪，如果长期在声环境不好的办公空间内工作，人会产生疲劳、烦躁等状况。办公空间的声学设计要考虑到两个方面：在办公环境中应当采用各种吸声材料和吸声结构，降低室内噪声；在会议、洽谈等环境内应当加强声音传播途径中有效的声反射，使声能在建筑空间内均匀分布和扩散，即控制室内音质。

要解决办公空间内的噪声问题，首先要了解空间内的噪声源，即发出各种噪声的因素。在现代办公环境中，由于大量采用集中空调，来自天花上的设备运行所发出的噪声；电脑化办公导致主机、复印机、打印机等办公设备的噪声，人们交谈、打电话的声音，以及人在行走及工作中所发出的器械碰撞等多种噪音源混合而形成室内声音环境。办公空间的噪声标准为50dB。在设计中主要通过隔声与吸声两种方法来降低噪声、减少声音反射、优化音质。

对于空间界面的吸声处理上，办公区地面主要采用地毯、塑胶等柔性材料，是控制楼板撞击声的主要方法。天花为隔绝设备震动引起的建筑构件噪音和吸收来自地面工作噪声，材料以矿棉吸音板的吸音指数为最佳。石膏板、吸音铝板也基本能够达到吸音要求。在工作区内尽量少用玻璃、金属、瓷砖等硬质材料。在会议、洽谈等较多的交谈环境内可以更多地采用织物、穿孔板等柔软或粗糙的材质。

空间之间的构件隔声取决于室内墙体或间壁(隔断)的隔声量。基本定律是质量定律，即墙或间壁的隔声量与它的面密度的对数成正比。由于现代办公空间广泛采用轻质材料和轻型结构，减弱了对空气隔声的能力，因此根据对隔声要求，有时需要采用双层密实隔墙和多层吸音材料隔墙，以满足隔声的要求。

阶段总结：作为三年级第二学期的课程，不仅需要巩固和提高学生的空间塑造能力，同时，也应当让他们明白，在将来的职业化过程中，对于功能的知识和综合设计表达能力是必须具备的。在这一阶段主要有两方面的内容。

1.对于家具、材料、声学、照明等基础知识的讲授，目的在于让学生认识到，一个完整的公共空间设计是由多种技术因素相互配合而完成的，让学生初步了解隐藏在空间表层之内的结构与设备，明白设计师对室内设计做法与结构有非常清晰的认知，综合考虑功能、材料特点、施工工艺、建造设备，甚至造价标准，才能将设计图纸还原到实际空间和最终使用功能中。研究室内做法与结构的目的并不是单纯地满足坚固与使用性的功能，而是一种把科技结合视觉艺术运用到空间环境中去，使空间环境更加人性化的行为。室内设计做法与结构越来越和空间形态组织、实用功能、照明、声学、能源等因素息息相关。一切技术都应当回归到建筑空间形态的基础上，并依据美学、人体工程学和社会学的原则，使技术真正融入建筑空间中。通过讲授案例来激发学生的兴趣，在设计中，鼓励学生尝试对于家具、材料，以至照明等进行延展设计，这不仅有利于提升自身的设计水平，使设计更加完善，同时，也是给下一阶段的设计教学，甚至在未来职业化做准备。

2.办公空间作为室内设计基础课程之一，是将设计概念与电脑、手绘、模型等综合表现的实践手段相结合的一门课程。顺应现代社会对设计人才的发展要求，即一方面，具有对三维建筑空间的深刻认知能力，能够熟练地将功能需求与人流动线等客观因素转化为三维空间形体。另一方面，能够快速有效地将设计概念通过各种综合设计表现手段来表达。学生熟练掌握了这一课程所要求的技能后，对于他们在高年级处理更加复杂的空间形态，以至未来的实际工作都具有重要意义。课程着重在以下方面培养学生的综合设计表达能力：

（1）立体观察：不盲目地进行图纸绘制，

而是对脑海里抽象建筑空间形体深入地思考、分析后，利用实体模型、三维建模等手段对空间进行解读和推敲，这是作为设计师重要的设计素养之一。

（2）数据模式：利用 AUTOCAD专业制图软件，按实际比例和通过调研后的真实数据作为绘制图纸的依据，使学生养成通过调研进行数据收集、核实、整理的习惯，做到图纸与三维模型的对应，让学生理解图纸上每根线、每个尺寸的来源。培养以专业的手段表达功能、空间、形体的专业实践技能。

（3）细节掌控：鼓励学生探索各种表现手法，以游戏的方式使学生有兴趣通过自己对设计的理解，将设计细节落实到图纸或模型中。

[复习参考题]

第一阶段：
◎ 谈谈你对中国当下办公环境现状的感受。
◎ 根据社会发展的规律，我国目前的整体办公处于什么样的阶段？
◎ 互联网对办公空间设计的影响有哪些？
◎ 对你所要进行设计的假想公司进行分析定位。

第二阶段：
◎ 一个高效的办公场所需要哪些必备元素？
◎ 公共区域和工作区域的划分原则是什么？
◎ 对你所要设计的办公空间进行平面功能划分？

第三阶段：
◎ 查找收集基本的办公家具尺寸。
◎ 你认为自己所在教室的光线和室内材料是否适合学习？

第四章　历届学生作品成果

胡娜——04级

能量交换

　　将工作、休憩、交流等功能需求转化为空间语言，即进行这些行为的场所。室内不作为通常意义的建筑空间，而是将其变成一架运动的"机械装置"。各个环节都具有独立运作能力和联动机制。而这一切都是靠特殊的动线关系来实现。

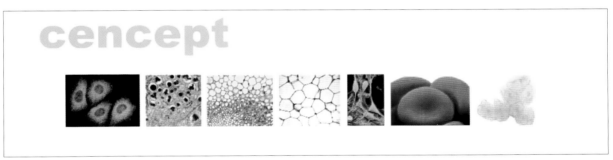

图4-1　设计概念

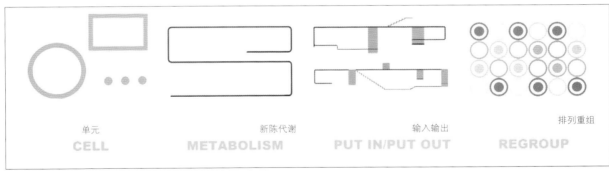

图4-2　设计概念

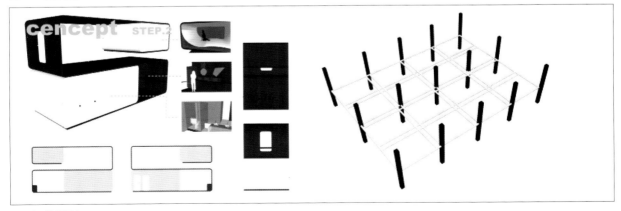

图4-3　设计概念

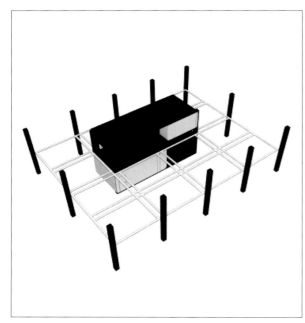

图4-4　设计概念

图4-5　设计概念

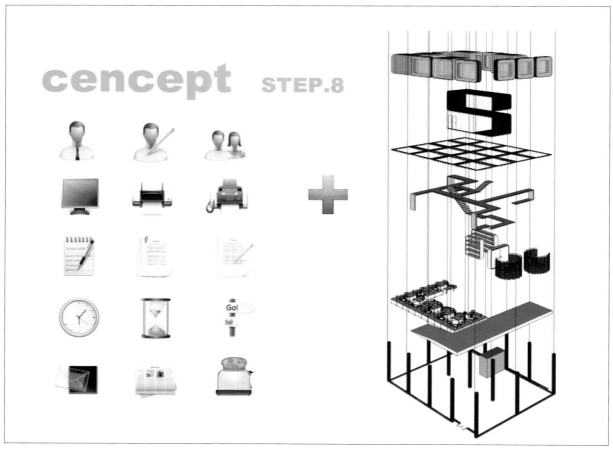

图4-6

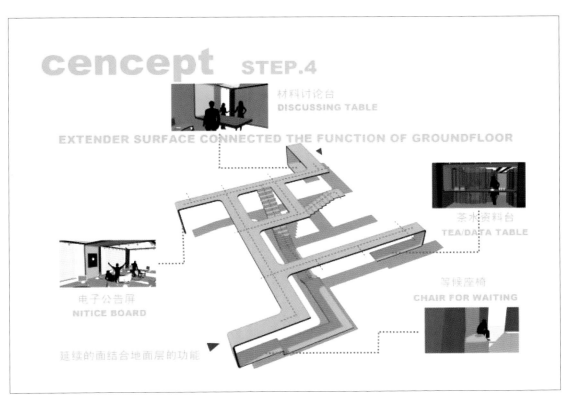

图4-7 在空间3米高度进行单元分割,动线设计可以使人在二层自由达到每一个单元。

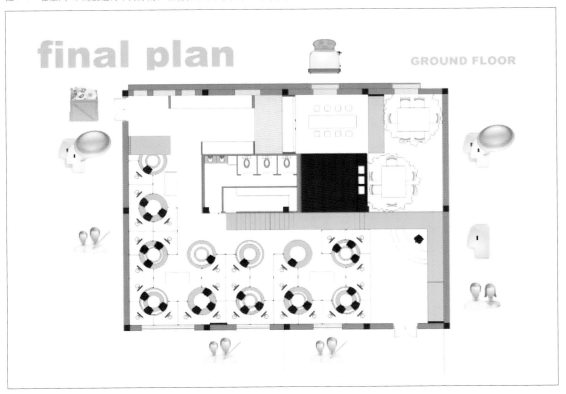

图4-8 首层平面图

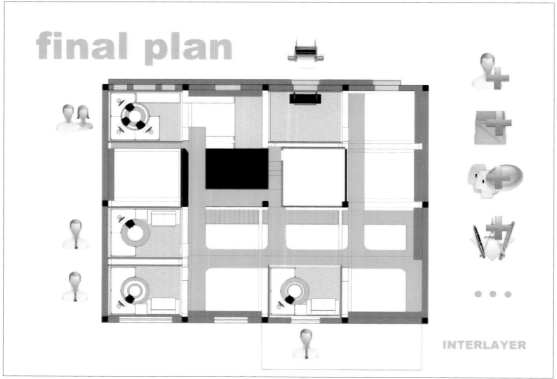

图4-9　二层平面图

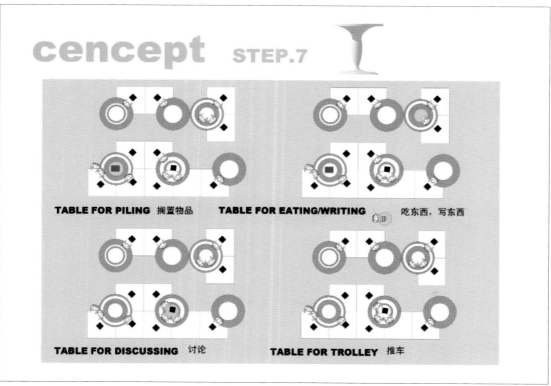

图4-10

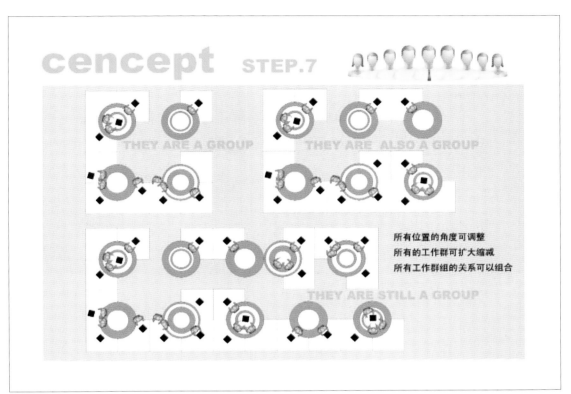

图4-11　特殊设计的办公桌界定圆形的办公空间，产生更大融合性，促进交流。

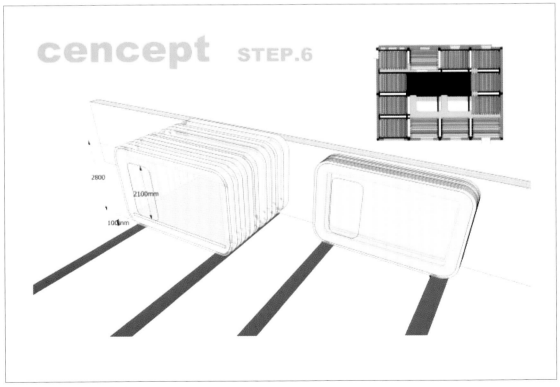

图4-12　可伸缩式会议室概念

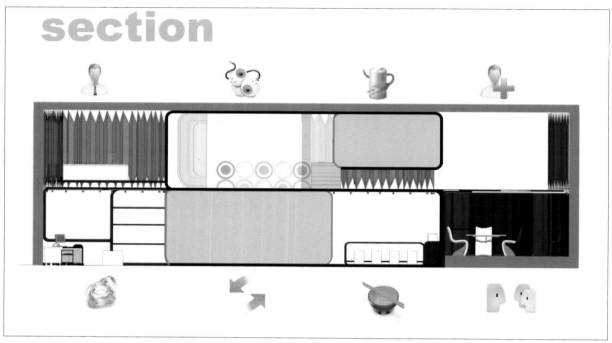

图4—13　剖立面图

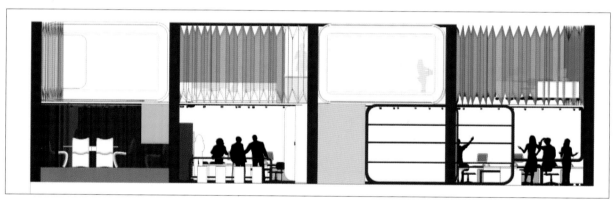

图4—14　剖立面图

图4—15　剖立面图

图4—16　透视图

图4—17　透视图

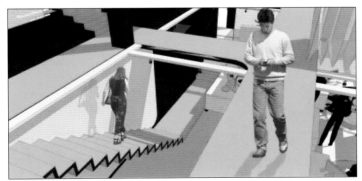

图4—18　透视图

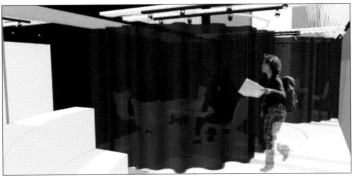

图4—19　透视图

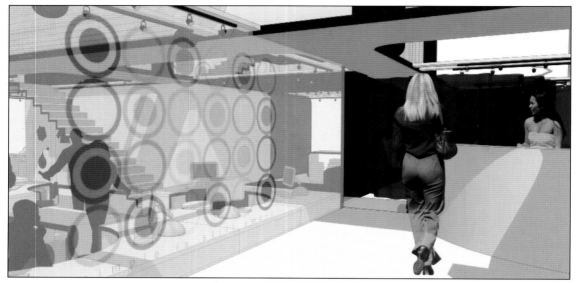

图4-20　透视图

图4-21　透视图

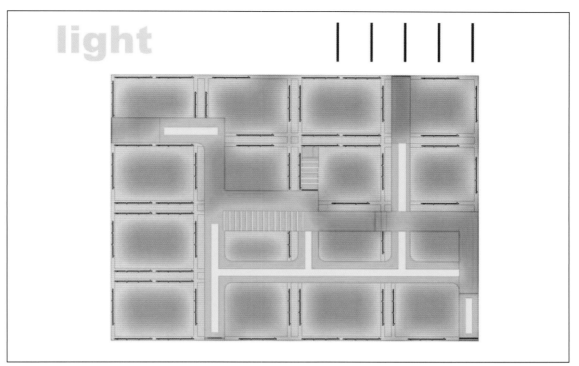

图4-22　灯光设计概念

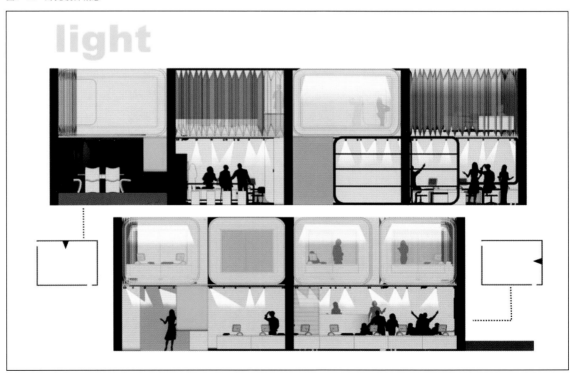

图4-23　灯光设计概念

张广翰——04级

图4-24　设计概念

A Story

　　通过"故事"情节的变化作为行为概念去创造一个富有诗意的场所。对于室内场景的塑造是对空间的精神层面的追求和思考，以及对人的行为方式的精神体验的探索。设计的目的是通过对空间的研究去表达一种人在空间内的生活状态和生活方式的界定。

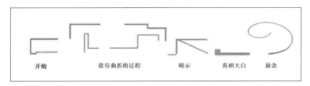

图4-25　设计概念

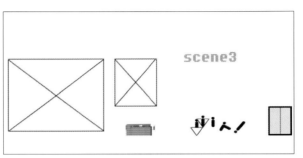

图4-27　设计概念

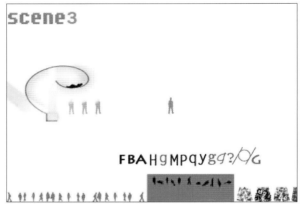

图4-28

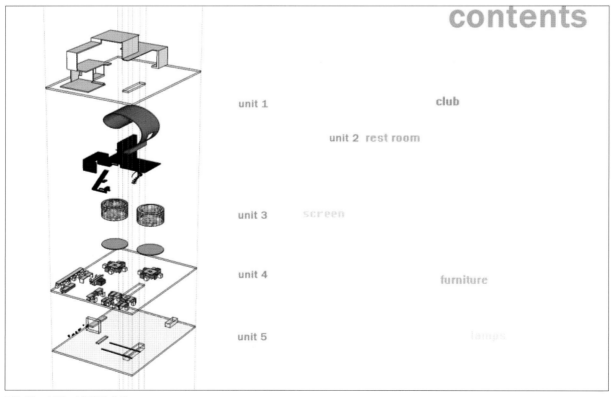

图4-26　功能与空间概念分析

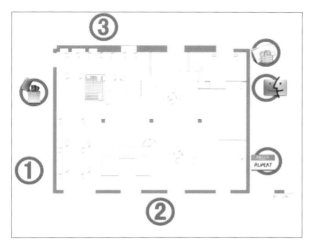

图4-29　首层平面图

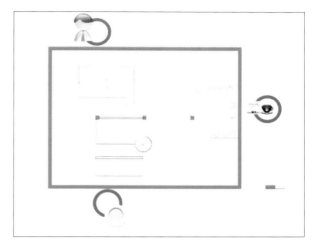

图4-30　二层平面图

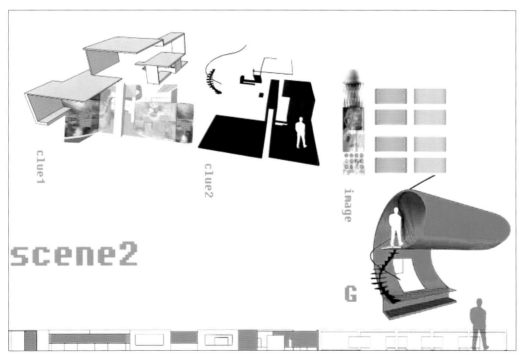

图4-31　设计概念

图4-32

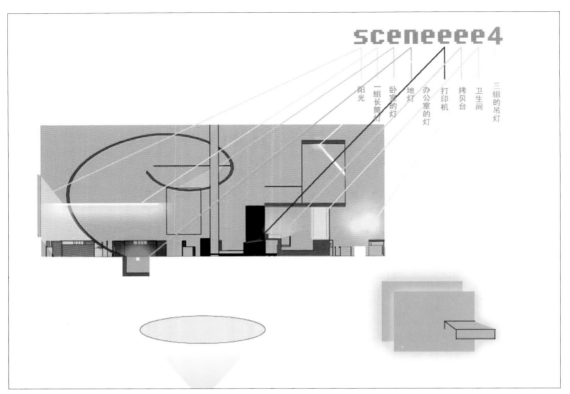

图4-33　灯光设计概念

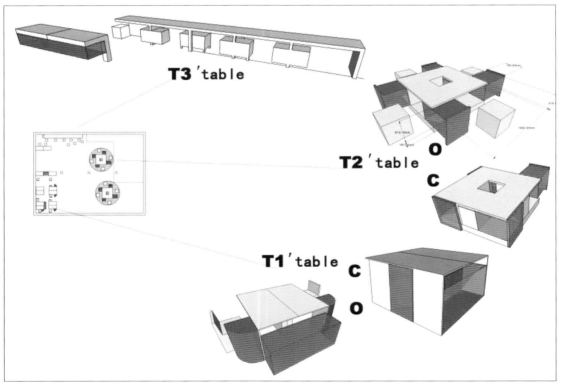

图4-34　家具设计

大川爱加——04级 （日本）

LEAF

室内设计公司的工作人大部分的时间会花在想方案,谈论,在公司里的时间会比较长。希望设计出一个能使他们感觉放松同时也能集中工作的地方,而且还是一个能增加活力的空间。开放的容易交流的空间,可以使人感到自由,这样做工作更有活力。因此,将"LEAF叶子"的概念转化为空间形态,表现活力、自然、自由。

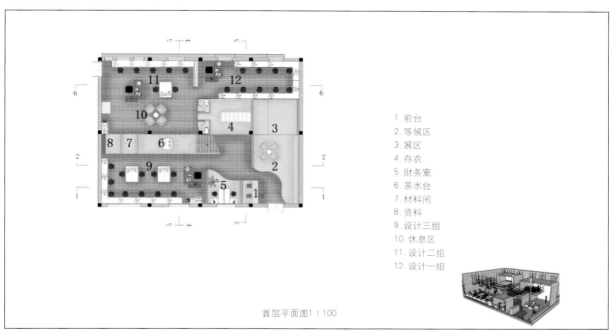

1. 前台
2. 等候区
3. 展区
4. 存衣
5. 财务室
6. 茶水台
7. 材料间
8. 资料
9. 设计三组
10. 休息区
11. 设计二组
12. 设计一组

首层平面图1:100

图4-35　首层平面图

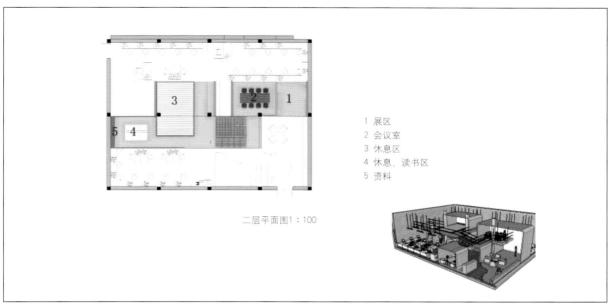

1 展区
2 会议室
3 休息区
4 休息、读书区
5 资料

二层平面图1:100

图4-36　二层平面图

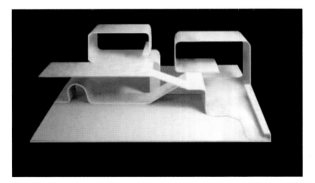

图4-37　主要的交流区都在中间的特殊空间。使用一个折板来表现自由感。

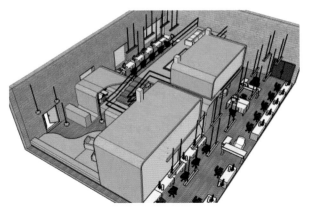

图4-38　主要的交流区都在中间的特殊空间。使用一个折板来表现自由感。

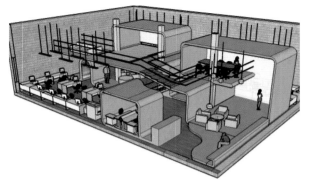

图4-39　主要的交流区都在中间的特殊空间。使用一个折板来表现自由感。

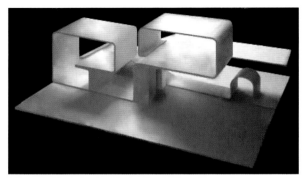

图4-40　主要的交流区都在中间的特殊空间。使用一个折板来表现自由感。

立面图　3-3　1：50

图4-41　剖立面图

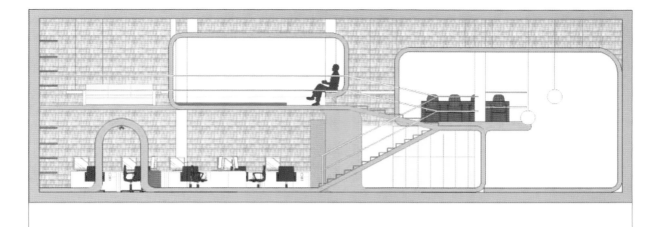

立面图 2-2 1:50

图4-42 剖立面图

图4-43 效果图

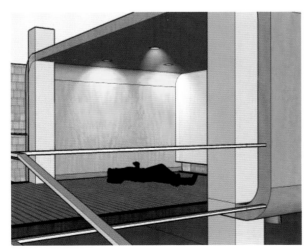

图4-44 效果图

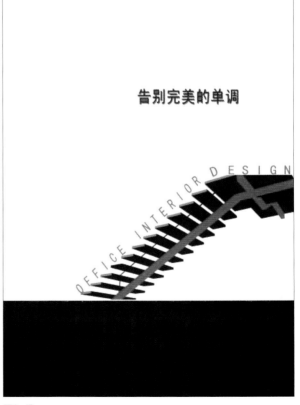

图4-45

姜晓琳——04级

"日常构建" & "铁木空间"

设计的起点起源于对自己工作状态的想象：设计师的活动被分类并区别对待，结果形成了几个彼此独立又相互联系的区域，在工作流程中，人们可以使连贯的工作状态有一个戏剧性的变化。在原有空间里，天花和柱子表面暴露出构件本身的混凝土质感的同时，承重构件和新增加部分被有意识地区分开。墙面的砖质再现了原有的建造逻辑，而日常活动场所被不同材料包裹，形成一铁一木两种不同材质的区域。"铁"为圆筒管道的设计室，"木"为中间服务区和休息区。

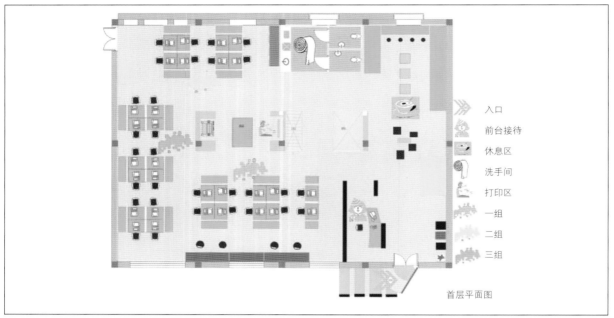

入口
前台接待
休息区
洗手间
打印区
一组
二组
三组

首层平面图

图4-46　首层平面图

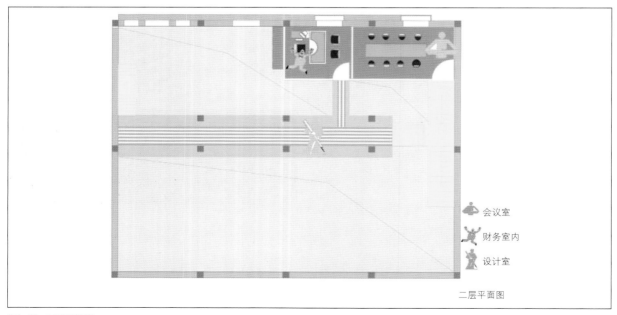

会议室
财务室内
设计室

二层平面图

图4-47　二层平面图

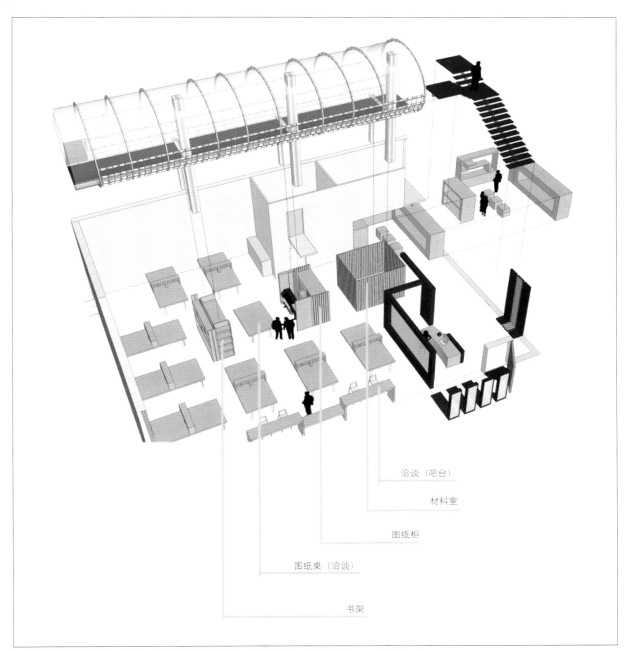

洽谈（吧台）

材料室

图纸柜

图纸桌（洽谈）

书架

图4-48　功能与空间概念分析图

把公司文字嵌入工字钢内，让前台接待空间具有工业气息。

入口处的三个高背椅子除了实用价值外，更多是装饰价值

轻松温暖的休息空间会让员工在忙碌之外有一种舒适的感觉

图4-50 透视图

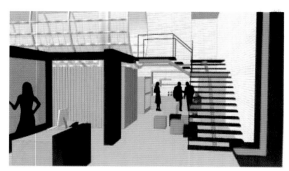

图4-49 透视图

楼梯下的红色钢架支撑尤为抢眼，鲜明而富有节奏

图4-51　透视图

黑色、红色的钢，黄色的木材组成了一个现代感很强的空间

中心服务区相互渗透，既独立又相互联系

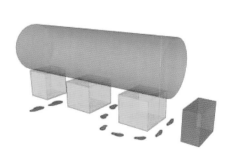

图4-52　透视图
木材、金属、混凝土和墙砖让空间有一种"粗糙感"，这正是空间的特点所在。

图4-53　办公室是为了激励工作而设计的场所，设计室成了这里的中心、自由、放松，让这个空间赋予人灵感。

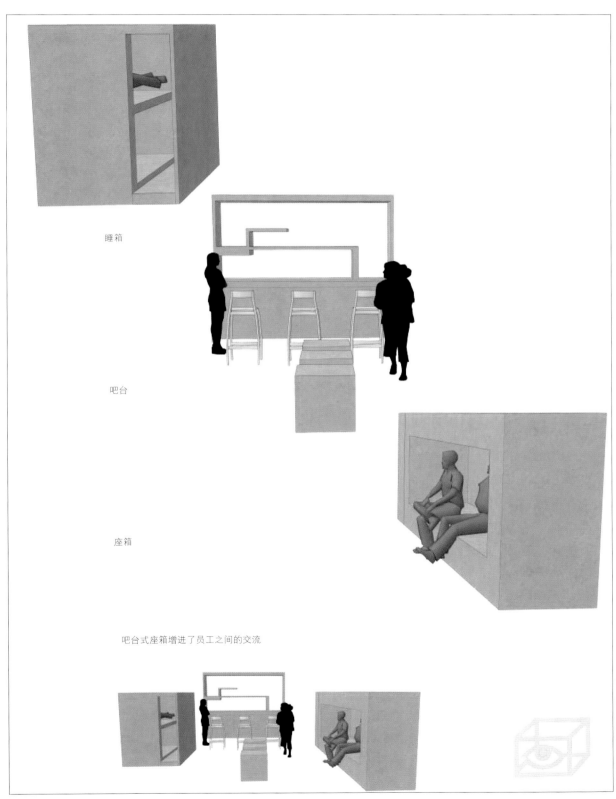

睡箱

吧台

座箱

吧台式座箱增进了员工之间的交流

图4-54 办公家具融入了 "废纸箱" 的设计元素

秦怡梦——04级

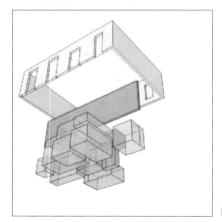

图4-55 空间概念

自由+自由

办公人员的"自由"：可以在办公区域任意流动，也可以在公共区域任意流动而没有任何限制。

访客的"自由"：拥有自己的空间，而且是一个整体。访客可以在"BOX"里任意流动，线性呈"回"字形。访客可以浏览到整个空间，在不进入办公区的情况下就可以满足好奇心。

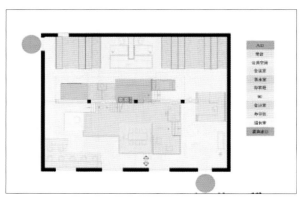

图4-56 首层平面图

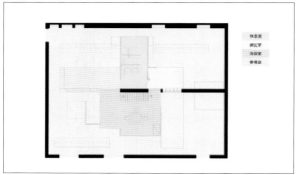

图4-57 二层平面图

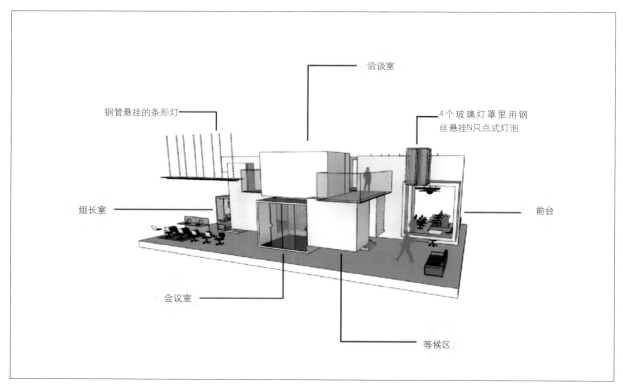

图4-58 功能与空间概念分析图

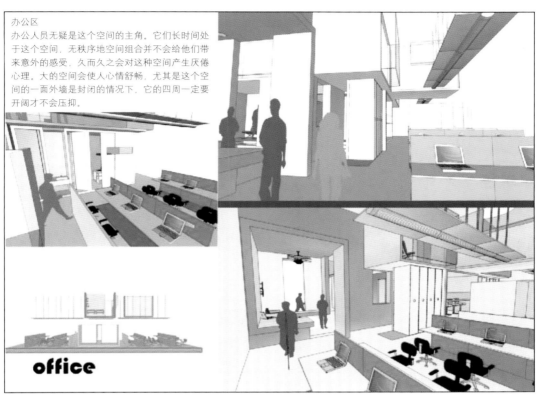

办公区

办公人员无疑是这个空间的主角。它们长时间处于这个空间，无秩序地空间组合并不会给他们带来意外的感受，久而久之会对这种空间产生厌倦心理。大的空间会使人心情舒畅，尤其是这个空间的一面外墙是封闭的情况下，它的四周一定要开阔才不会压抑。

图4-59　在办公区域与公共区域明显不同。它依靠公共空间外部的有层次的变化使空间丰富。

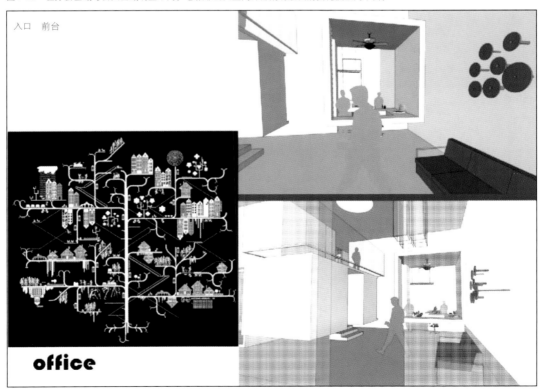

入口　前台

图4-60　透视图

图4-61　透视图

图4-62　透视图

图4-63　透视图

虞德庆——04级

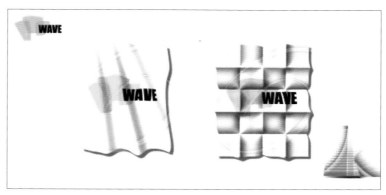

图4-64　设计概念

WAVE

以"褶皱"作为形体的来
源。空间在看似无序的变化中
根据功能延展，所有的功能区
根据形体呈连续性。

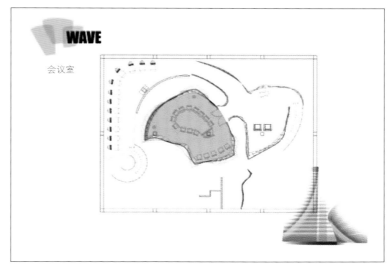

图4-65　首层平面图

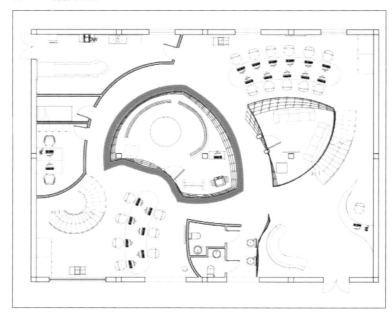

图4-66　二层平面图

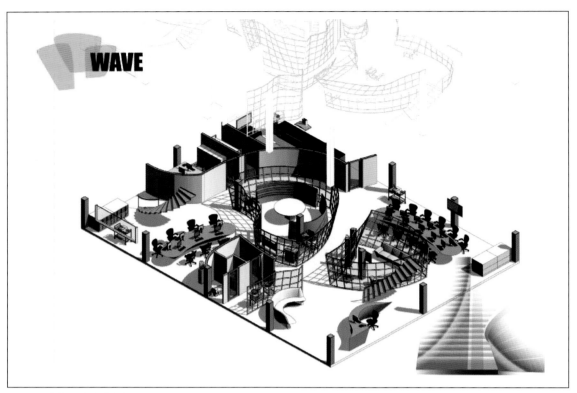

图4-67 功能与空间概念分析图

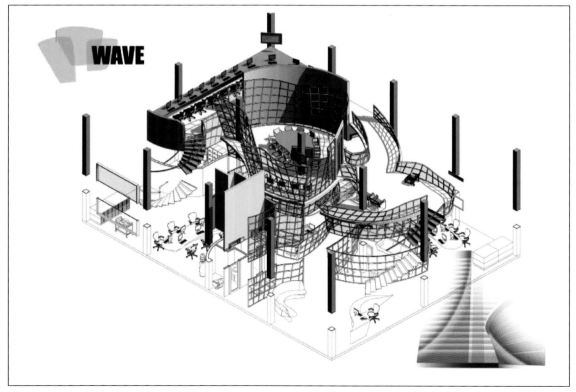

图4-68 功能与空间概念分析图

图4-69 透视图

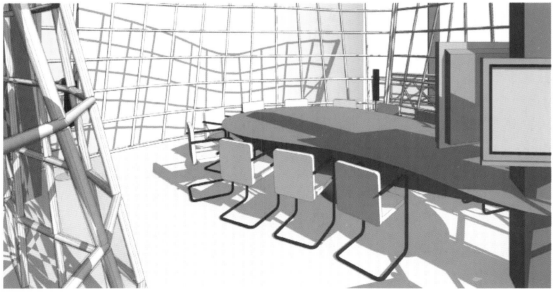

图4-70 透视图

霍兴海—05级

图4-71

室内建筑师是空间的创造及改造者，其创造的空间面对的人群是大众，而自己的工作室面对的是自己，这样的空间以效率和品位为最高，装饰手法应简洁明快，杜绝张扬的手法。"乱"是室内设计师工作室的"最理想"状态。但是如何要乱得有章法，乱而不烦，这需要有一定的导视系统的帮助，这些导视系统能在"乱"之中另辟蹊径，达到乱而不忙，乱而不烦的效果。加入文字形式的简单的平面设计成分，简单的几个小动作就能够使整个空间富于设计感，在迷失的白色的经过净化的空间里起到视觉引导作用，同时又富有趣味。

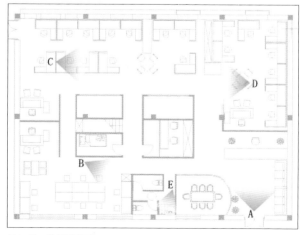

图4-72　首层平面图

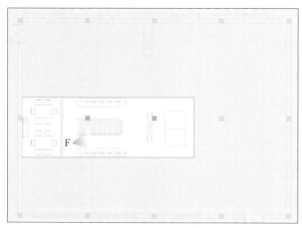

图4-73　二层平面图

交通主要沿核心桶分布，从上面两张图可以看得出交通布置主要考虑的是高效快捷。零碎的功能被包围在中间的核心桶内，周围围绕着高效的办公区。

图4-74　透视图

入口处文字构成复杂，以宣扬企业文化为主，地面上印有公司名称的大字，让人缩短了与公司的心理距离。入口右侧是专门为公司设计的椅子，代表了公司的思想力。入口天花和墙壁上印刷有连续的文字，能够起到将人的视线从墙壁上吸引到天花板上的效果，从而注意到屋顶超大尺度的文字（灯），并且加强了界面之间的联系。

图4-75　首层天花照明概念图　　图4-76　顶层天花照明概念图

图4-77 透视图

　　超大尺度的文字丰富了空间的同时给人一种前所未有的空间感受。

　　天花板上的文字取决于它所覆盖的下面的功能区域，并且大的英文字母是照明用的灯具，在晚上解决部分主要照明，白天也会有微弱的光线从上往下投下来。地板上的文字取决于它所承担的上面的功能区域，与天花板相呼应。灰色部分标明了主要的交通圈。

图4-79 透视图

图4-80 透视图

图4-78 透视图

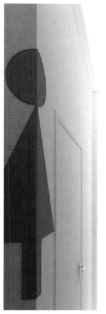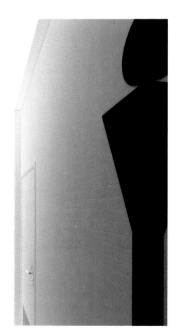

图4-81 透视图

接待区椅子作为公司中最活跃的一个因素,能够体现出公司的思想力与设计能力。椅子的设计考虑了公司名称,从两端看会看到"u n"字样。

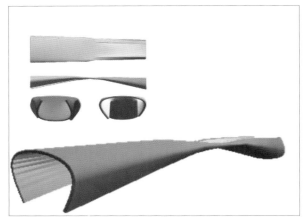

图4-82 家具设计概念

图4-83 家具设计概念

图4-84 透视图

顾艳艳——05级

"室内的建筑，室内的房子"

概念空间　室内的建筑　室内的房子

图4-85

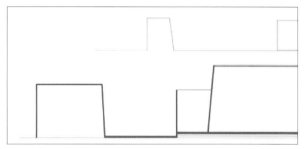

图4-86

设计希望赋予办公室创意与活力，使办公空间给人灵活性、轻松性、趣味性，但同时又不乏理性之感。凸显该设计公司高效、生气勃勃、灵活的企业文化特点。设计概念由"室内的建筑，室内的房子"出发，以三个设计组为主线，成三个带状分布。用其他功能区域补充，使三组条带形成有机联系。三组高低起伏的空间折板，把不同的功能空间有序地组合到一起，形成了虚实对比，使员工尽可能地享受竖向的空间，也体现了设计公司的高效、活力、开放的企业形象。整体空间以白色为主体，强调空间的纯粹性，提供设计人员一个可想象的空间进行设计创作。

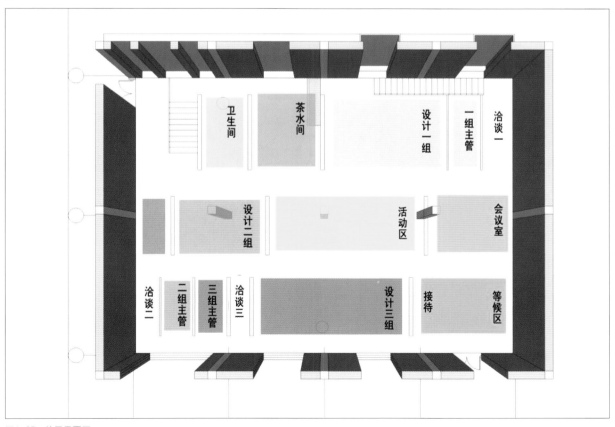

卫生间　茶水间　设计一组　一组主管　洽谈一

设计二组　活动区　会议室

洽谈二　二组主管　三组主管　洽谈三　设计三组　接待　等候区

图4-87　首层平面图

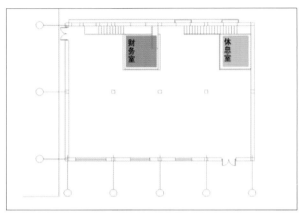

图4-88 二层平面图

橙色——设计一组主体色。

蓝色——设计二组主体色。

浅蓝色——设计三组主体色。

灰色的地面和黑色的柱子配以白色的主体墙面及家具营造出轻盈简洁利落感。

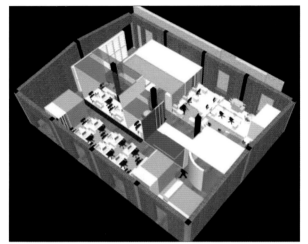

图4-91 空间轴测图

图4-89 剖立面图

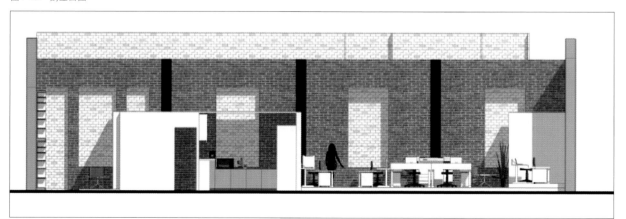

图4-90 剖立面图

从剖面上可以看到设计概念的体现，三组高低起伏的空间折板，把不同的功能空间有序地组合到一起，形成了虚实对比，使员工尽可能地享受竖向的空间，也体现了设计公司高效、活力、开放的企业形象。

图4-92 透视图

图4-93 透视图

图4-94 透视图

图4-95 透视图

图4-96 透视图

整体空间以白色为主体，材料多为透明玻璃及
磨砂玻璃、乳胶漆饰面为主，强调空间的纯粹性，
提供给设计人员一个可想象的空间进行设计创作。

邹佳辰——05级

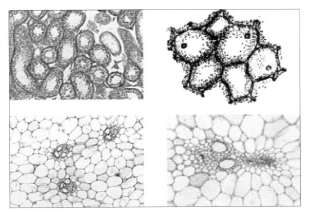

图4-97 设计概念

对一个公司而言，每个员工都是其不可分割的一部分。如果把一个公司看做一个器官，那么，员工就是其内部大大小小的细胞。"细胞"之间的功能各不相同，形态也不一样，但是他们通过一定的方式组合、团结起来，使其整体发挥出巨大的效能。基于这个设想，设计方案把整个公司内部以"细胞"的形式有机地组合并展现出来，体现出这个公司灵活又团结的性格特点。

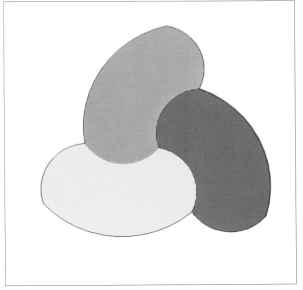

图4-99 "细胞"

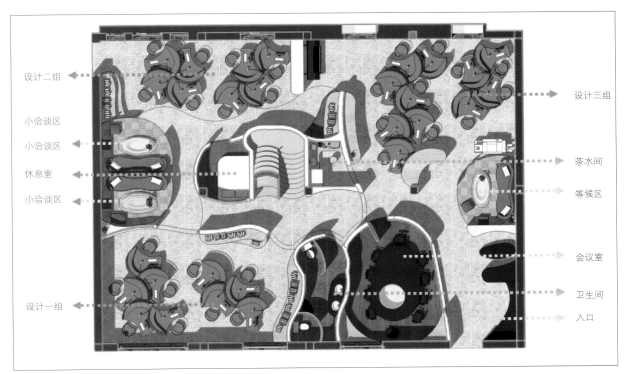

图4-98 首层平面图

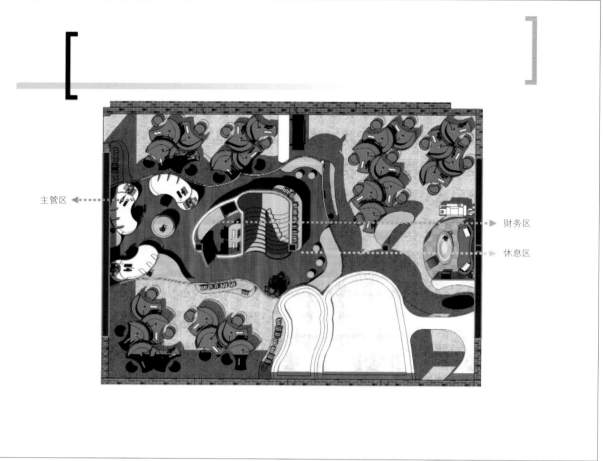

主管区 ◀┄┄┄┄

┄┄┄▶ 财务区

┄┄┄▶ 休息区

图4-100 二层平面图

图4-101 空间轴测图

图4-102 空间轴测图

图4-103 剖立面图

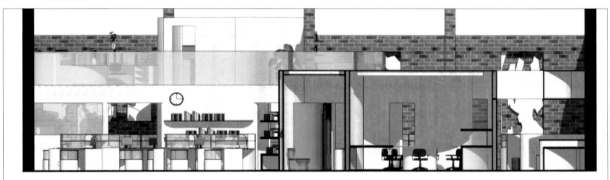

图4-104 剖立面图

图4-105 透视图

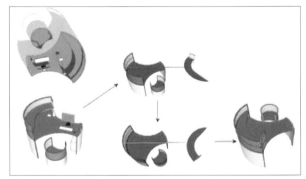

图4-106 家具设计概念

　　主管是公司的核心（细胞核），对其桌椅的设计体现了"凝聚"、"向心"的概念——把一个完整的形分成三个相同的部分，然后各自形成功能。桌子的形状是把一个整圆按一定比例切割得到的一个对称形。通过调节书架板可以实现桌子的镜像反转。桌子的颜色采用了实用的深灰色，同时加上了少量大红点缀。

宋杨——05级

"I box"

公司基地位于798艺术区内，整个基地的空间是一个规整的长方形，高6米，因此，可以根据需要增加隔层，从而丰富空间形式，使空间向纵向发展和延伸。根据客户的功能需求和现场基地的空间条件，整个设计推出"方盒子"的概念，这个概念与公司的名称"I box"本身就具有企业文化的指向性，因此在室内设计方面就以方盒子的概念出发。方盒子有开放、闭合和组合的可能性，因此，也会产生多种形式的组合方式，可以在设计中运用。

图4—107

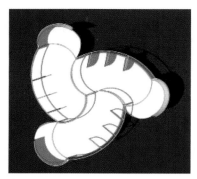

图4—108

图4—109

图4—110　家具设计概念

基地位于798艺术区，整个空间是一个规整的长方形，高为6米，因此，可以根据需要增加隔层，丰富空间形式，使空间向纵向发展和延伸。根据客户的功能要求和空间的使用功能及现场基地空间的分析。整个设计推出——方盒子的概念。公司名为"I BOX"本身就有形式和企业文化的指向性，因此，在室内设计方面以这个基本的形体作为整个设计的出发点及设计元素。

方盒子有多种开放、闭合和组合的可能性。因此产生了多种形式的组合方式，可以在设计中运用。

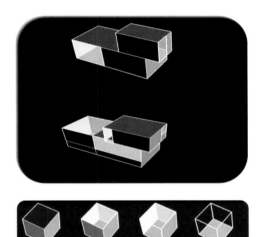

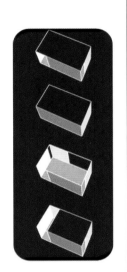

根据空间内不同使用人员的分析，将空间划分。

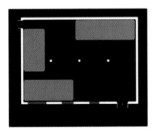

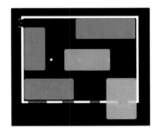

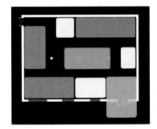

员工工作区的分布，整个公司有三个部门，每个部门联系不多，因此将它们分别划分成独立个体。

客户区域的分布入口处为了更有效地展示企业文化，将室内的空间延伸到室外。

休息及活动区的分布，休息区与工作区互相穿插，希望从而调动员工的工作情趣。

图4-111　设计概念

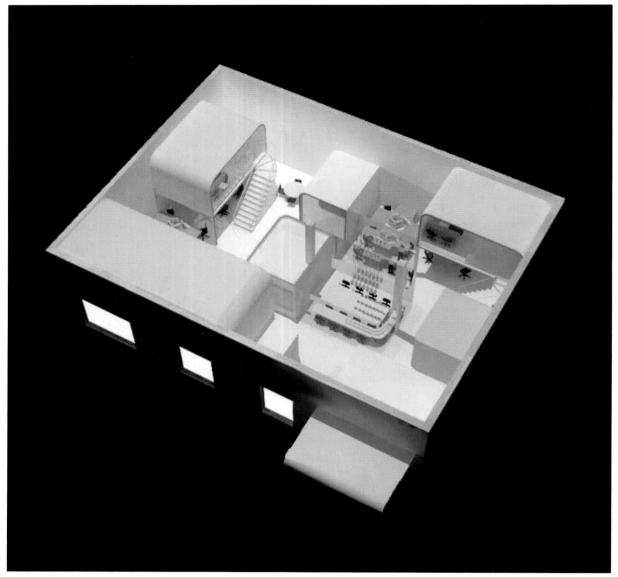

图4-112　空间轴测图

图4-113　色彩设计概念

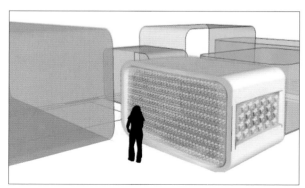

图4-114　空间设计概念

图4-115　透视图

图4-118　透视图

图4-116　透视图

图4-119　透视图

图4-117　透视图

图4-120　透视图

郑海丽——05级

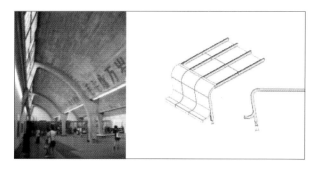

图4-121　设计概念

通道——与时间赛跑，与工作相连

　　工作室，有可能与客户发生直接的竞争，因此，他们首要的是保持各自独立的身份，同时又一起合作共享资源。该设计方案与798现有状况相结合，从客户本身所存在的特点出发，想营造出一种创造性多变的空间。采用了一个通道空间作为其中的设计工作区，玻璃的采用也让工作者们能够在视觉敞开的同时，也具有自己一定的工作区域。在工作室中，半透明的通道可把光线分散到内部空间。原有的红砖横梁以及柱子也被采用到现有的设计当中，中间的大书架有效地隔离开客户与员工所处的不同场所，体现出一种既相互连接又自身建设的空间，展现建筑历史的重要及风貌。

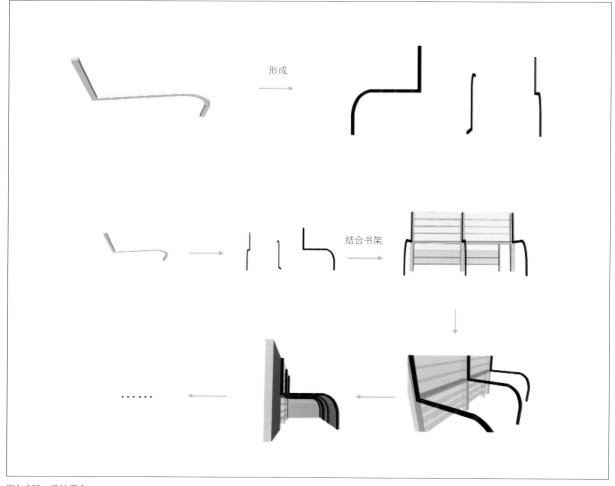

图4-122　设计概念

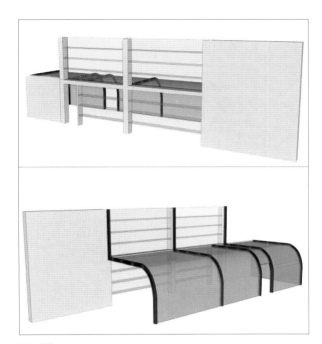

图4-123

图4-126　透视图

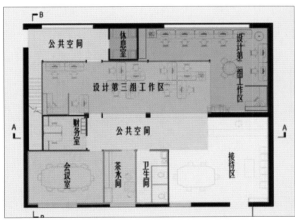

图4-124　首层平面图

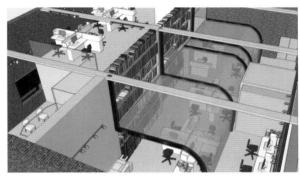

图4-127　透视图

图4-128　透视图

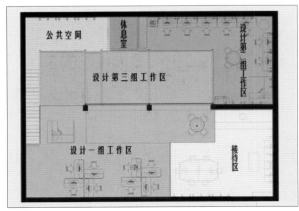

图4-125　二层平面图

图4-129　透视图

刘菁——05级

798吸引游客的原因，一个是艺术家的作品，还有一个就是798旧工厂的原貌，所以，在做这个设计的时候，保留了内部墙面的肌理。在此空间有一个很大的问题，就是采光问题，所以，将墙面刷白，不仅保留了墙面的肌理，也是这个空间增加光的漫反射，从而使光更均匀，室内更亮。在空间上，由于这一个开敞的大空间，比较有798的特点，所以做了三个"盒子"，将私密和需要安静保护的空间放进"盒子"立面。在室内的设计元素上面，选用了和门口现有的黑色铁框做配合。

图4-130　设计概念

需要安静、私密的空间放到"盒子"里面，像房间里面不需要给外人看的东西会收拾到柜子里一样。

由室外的黑色金属框演变、延伸。

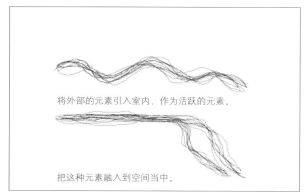

图4-131

将外部的元素引入室内，作为活跃的元素。

把这种元素融入到空间当中。

将外部的元素引入室内，作为活跃的元素，并把这种元素融入空间当中。

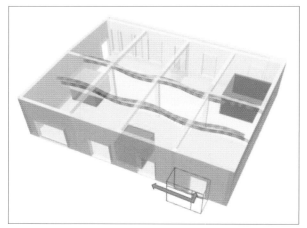

图4-132　空间概念

三个盒子上下的疏密、冷暖。

图4-133　空间概念

图4-134　透视图

图4-135 透视图

图4-138 透视图

图4-136 透视图

图4-139 透视图

图4-137 透视图

孔琳——06级

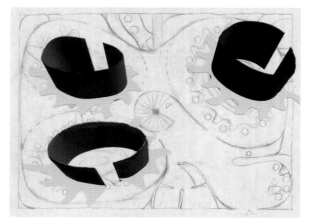

图4—140

"小集体，大空间"

　　工作团队是一个合作的整体。人是一个整体，里面的各个功能各有职责，并在同一个细胞质的环境下协调合作，缺一不可，这样才能使人体正常运行——这也是公司高效运行的保障。

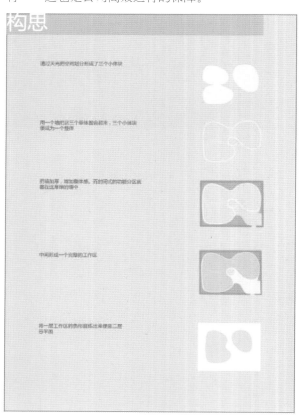

图4—141　设计概念

首层平面　1：100

图4—142　首层平面图

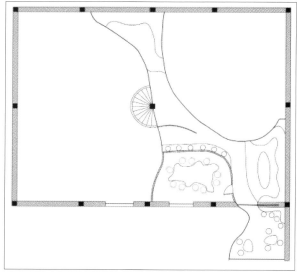

图4—143　二层平面图

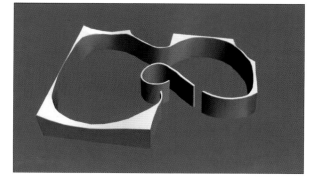

图4—144

方案利用光线把空间分成三个区域，分别成为三个组光线的主要来源，每个组成为一个小集体。利用有机形态的玻璃管把天光引下来，使工作区得到更多的自然光，有机形态的立面与平面有机形的平面形成呼应。用围墙把三个个体围合成一个大整体，弧线形的墙使这种围合方式更加整体。而茶水间、材料室、财务室一些小空间的功能区便分布在这个厚厚的围墙中，这样平面看起来更整体更统一。整个空间像人的机体一样，统一流畅而又独立合作。

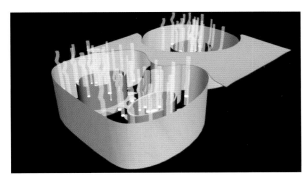

图4—145

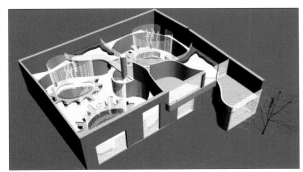

图4—146　空间概念

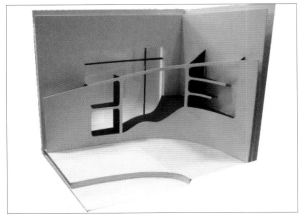

图4—147　模型

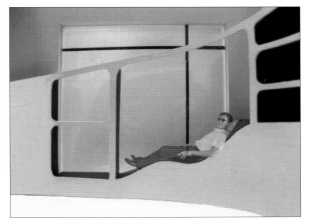

图4—148　模型

图4—149　模型

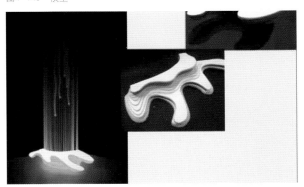

图4—150　家具照明设计概念

这面墙中不仅"藏"着所需要的封闭空间，展柜、书架、休息区等也被包括其中，内容丰富但形式统一。这面"厚"墙从立面上看，是从二层延伸下来的，连接了一二层的空间。

办公桌顺着人坐的方向有旋转的趋势，有机体形成了融合的意向。

李蕙——06级

图4—151

水墨空间

设计则从水墨出发，希望营造一个有淡淡的水彩渲染效果的轻松明快的空间。

在具体的设计当中，将水墨理解为线→面→体→面→线，连续二循环的变化状态。希望用线的重叠和转折在空间中对光进行层层过滤，产生有深度的渐变而营造的光影来体现水墨的轻盈的渐变的渲染效果为出发点，结合三个团队之间既独立又要相互合作的关系，使用线性折板创造一种无上下一体化的室内空间。

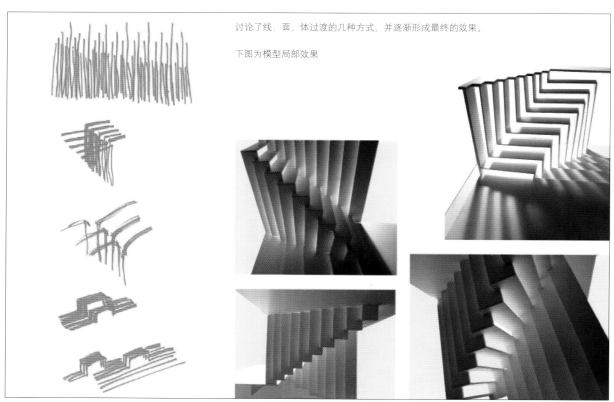

讨论了线、面、体过渡的几种方式，并逐渐形成最终的效果。

下图为模型局部效果

图4—152 设计概念

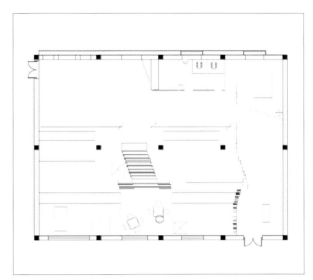

图4-153 首层平面图

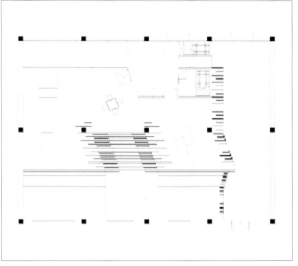

图4-154 二层平面图

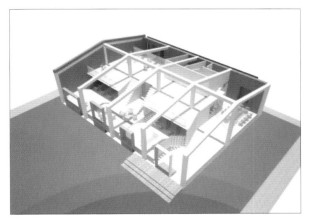

图4-155 空间轴测图

在空间的功能分布上，首先规划对内使用空间和对外使用空间两个大块，其次优先考虑了各个功能对自然光线的需求程度，从而决定哪个更靠近空间唯一的自然采光面。

由二层楼板下塌折成的楼梯是空间中最有效果的部分，它在办公区域中间形成一个环形的交通，很好地连接了三个工作组。大的休息平台也从剖面上使上下得以更好地交流。

图4-156 透视图

图4-157 透视图

图4-158 透视图

图4-159 透视图

图4-160 透视图

生命的茂盛

概念来源于植物的有机生长状态。设计力求在各方面都能营造出一种连续的向上感，以求创造出一个积极轻松的工作环境。动线的设置也遵循这个连续的原则，使得最后结果能够忽略层高的区别，让两层能够连续成为一个完满的整体。错杂在空间当中的室内构件以及异形灯都依照植物生长的原则向阳光处生长，增添了整个空间的向上感，为表现整个空间的气质和特色起到加强作用。

洪伟路——06级

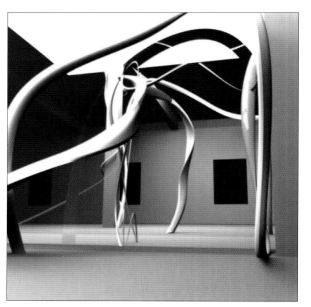

图4-161　透视图

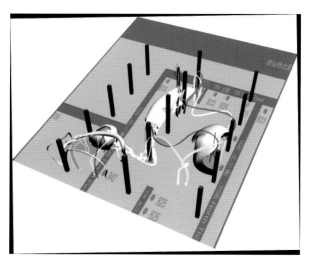

图4-162　设计概念

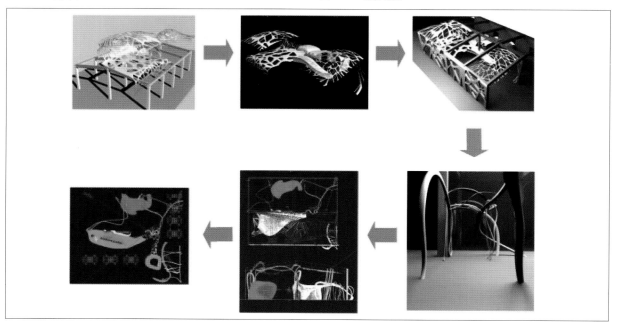

图4-163　设计概念

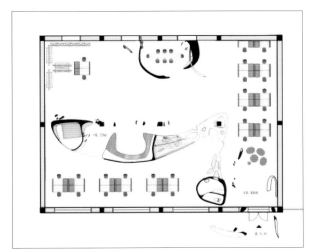

图4-164　首层平面图

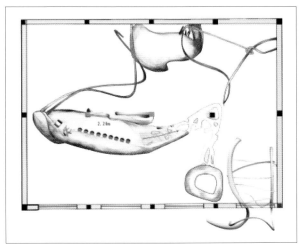

图4-165　二层平面图

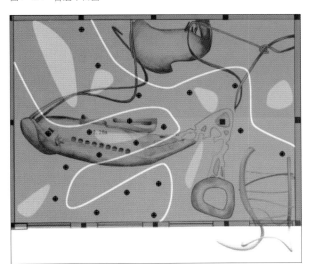

图4-166　天花照明概念

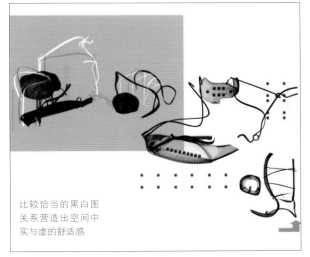

比较恰当的黑白图
关系营造出空间中
实与虚的舒适感

图4-169　空间结构概念图

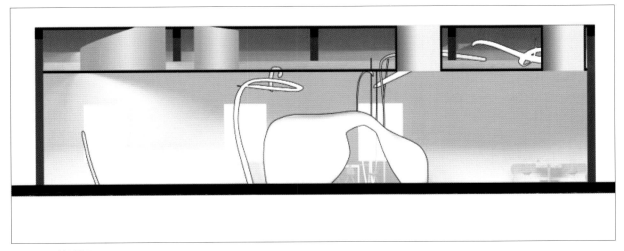

图4-167　剖立面图

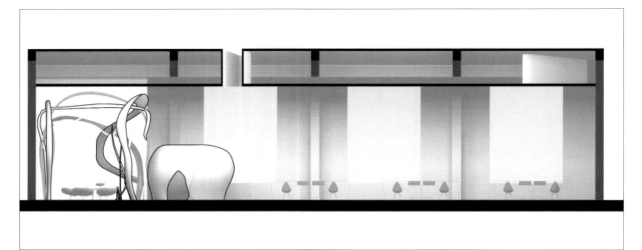

图4-168　剖立面图

图4-170　透视图

图4-171　透视图

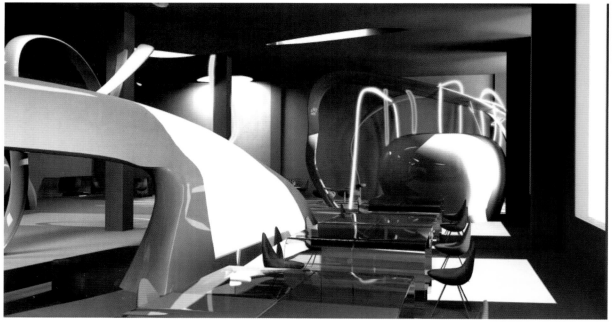

图4-172　透视图

胡侃侃——06级

Google 798 Studio

设计概念是从GOOGLE网络搜索引擎形象出发的：人们可以通过它简洁的平台搜索到娱乐、政治、生活、交通、广告、音乐、地理等任何自己感兴趣的点。设计将对于GOOGLE的理解转化到建筑空间里面。

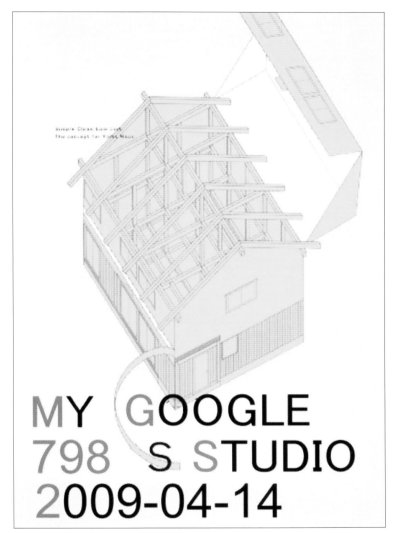

图4—173

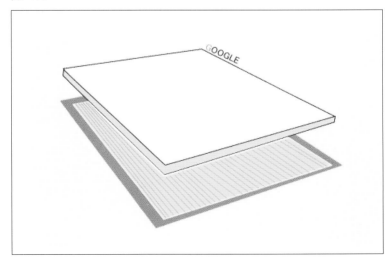

图4—174 空间概念分析

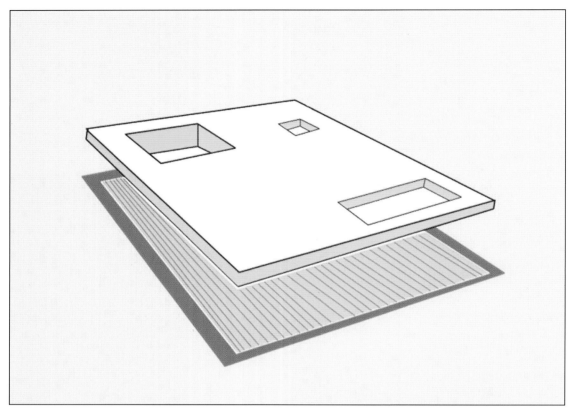

图4-175　空间概念分析

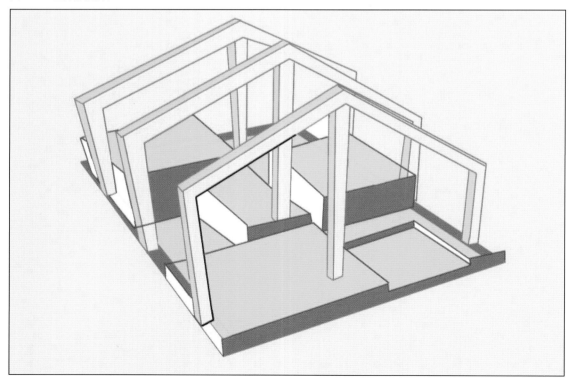

图4-176　空间概念分析

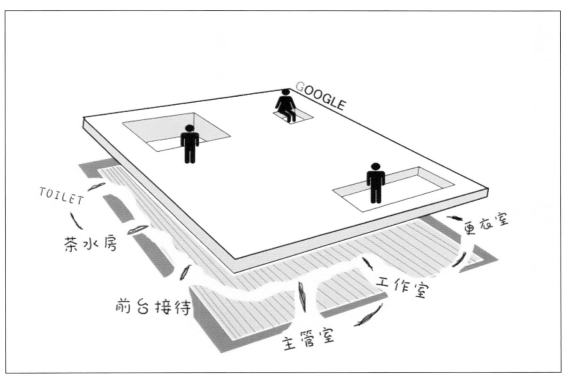

图4-177　空间概念分析

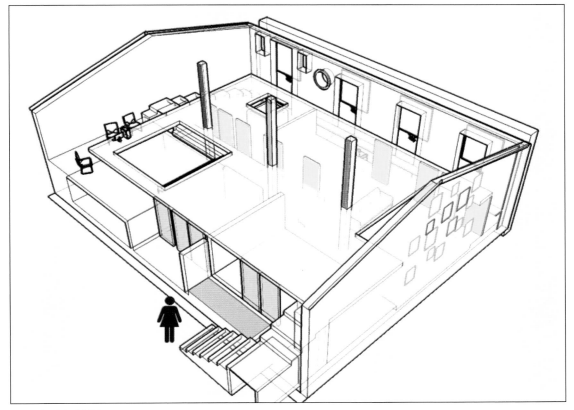

图4-178　空间轴测图

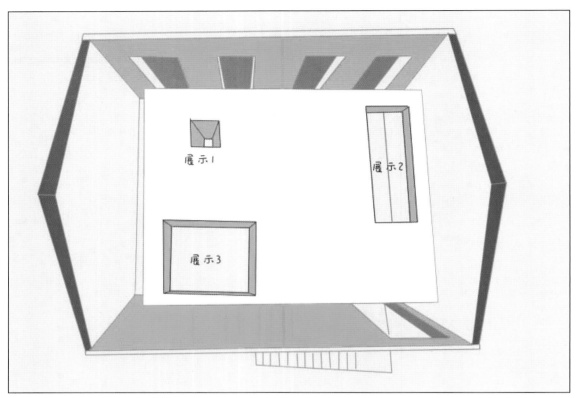

图4-179 空间轴测图

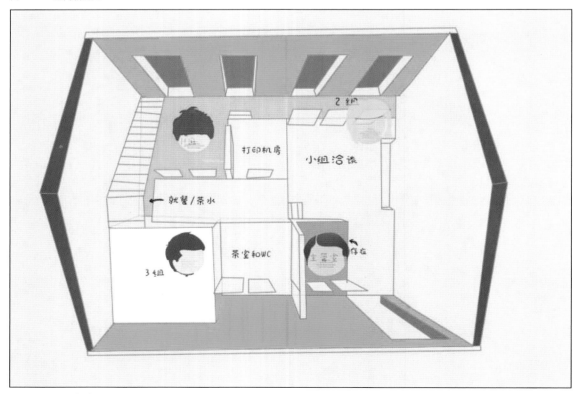

图4-180 空间轴测图

空间分为上下两层，上面展览空间和下面工作空间。二层的楼板是GOOGLE的虚拟平台，观光的人直接上到二层，上面的布置是简洁的白色，整个二层作为一个整体的展览空间。楼板上有三处开洞分别将展览空间分为三部分：照片展示、信息屏展示和电子屏幕。

工作人员直接进入一层办公，分为三个办公小组，需要熬夜的小组分配在安静的一层角落处，并配备有休息室和厨房，工作是面向客户的小组分配在一层二层的夹层处，他们坐在休息室的顶部用二层楼板当做工作桌进行办公，而客户可以下几层台阶直接与他们隔着楼板坐着进行沟通。

楼板只有一面和墙相接，其他三面可以直接看到楼下，并且给一层一个拔高空间用于呼吸。电子屏幕镶嵌在建筑原有的假窗里面，反映的是一层的工作场景，参观者不能直接看到工作的人，但可以通过间接的电子屏幕观察到。还有一部分是镜面，参观的人站在楼下通过镜面反射观察到楼下的工作者。

一层的分隔是用可以滑动的隔板分开的，需要开集体会议的时候可以将隔板推开，形成大的空间，需要私密的时候可以分成小隔间用于办公。

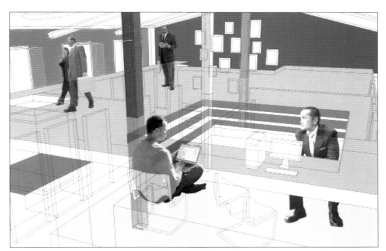

图4-181　透视图

图4-182　透视图

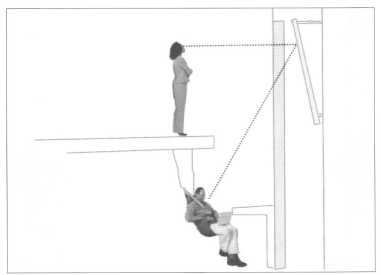

图4-183

图4-184　透视图

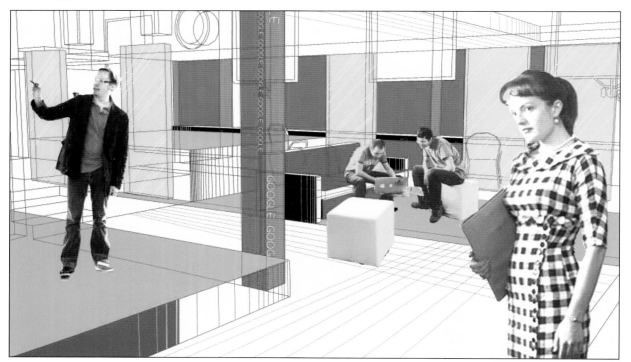

图4-185　透视图

王小汀——06级

STREET

　　DROOG是荷兰一家产品设计工作室，他们的作品都简单、轻松。他们的工作氛围肯定不是紧张、快节奏的。设计希望他们在工作时有漫步在欧洲小镇中的闲适和自然。

　　我们通常将办公空间划分为私密与开放，但那是不准确的，私密是针对内部还是外部？而开放呢？其实问题在于，是内人，还是外人。内部之间就不是私密而是互相开放的，开放的工作与讨论。所以我的建筑内街道是用来接待外人的。由于空间质量与内部是相同的，来访者不会感到不适。却真正有一种访客的感受，可以体会到内外明确的关系。像欧洲小镇一样，街道由广场连接，每个小广场都有不同的功能，开会、休息之类。

图4-187　建筑分析

图4-189　建筑分析

图4-188　建筑分析

图4-190　建筑分析

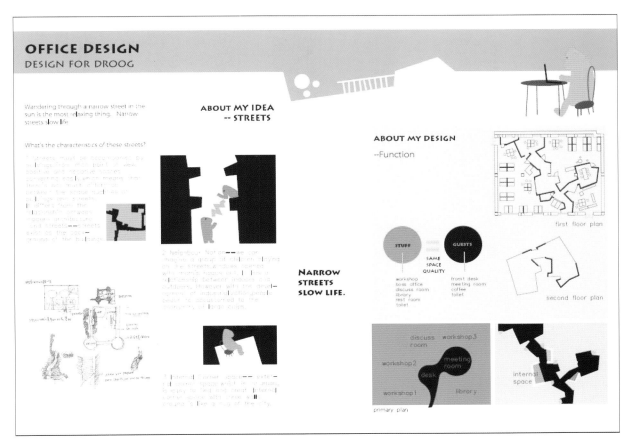

图4-186

"街道越窄，不容易穿越，城市节奏越慢"，方案把街道与城市的关系植入到办公空间中。欧洲小镇与现代城市的不同之处在于，街道与建筑间的正负关系明确，没有剩余，所以无论走在街道或进入室内，建筑感受都是相同的；且有很多阴角空间，让人在休息时感到安全。

图4-191　空间分析

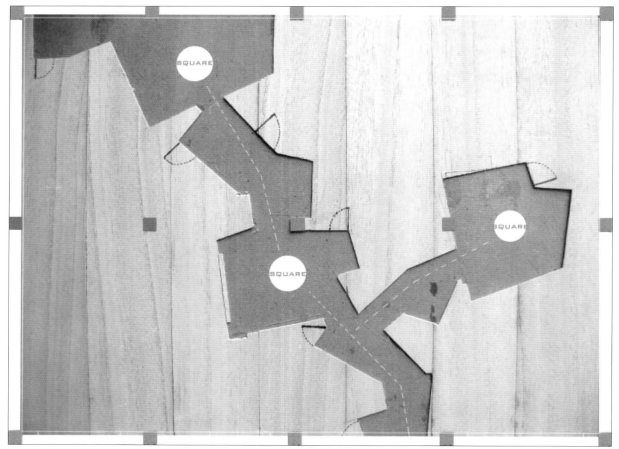

图4-192　空间分析

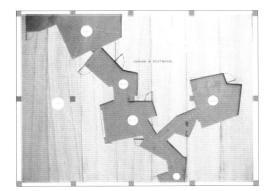

图4-193　空间分析

图4-197　透视图

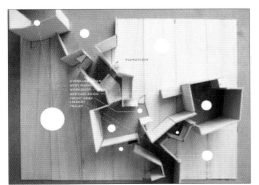

图4-194　空间分析

图4-198　透视图

图4-195　首层平面图

图4-199　透视图

图4-196　二层平面图

图4-200　透视图

马丽娜——06级

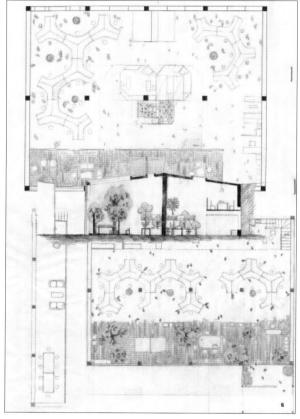

图4-201

阳光/空气/绿色

设计希望能够改变传统办公空间的现状，概念是在空间中放入一片可以自由呼吸新鲜空气的空间，这片自由呼吸的自然空间不仅能吸引路人的目光，让人对这个工作室记忆犹新，同时也能阻隔路人的视线，不影响室内的工作空间。整个设计都围绕着营造一种自然的工作氛围展开，希望能改善现有的工作环境，产生一种别样的有趣的工作空间。在这个自然空间中，同时也容纳了一些功能，如打乒乓球，看看书，开个小型会议，喝喝咖啡，让人们在一种自由惬意的环境中工作或放松。

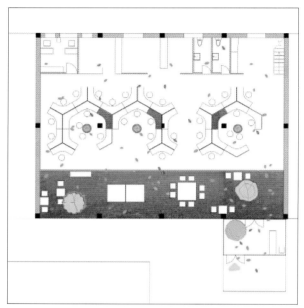

图4-202 首层平面图

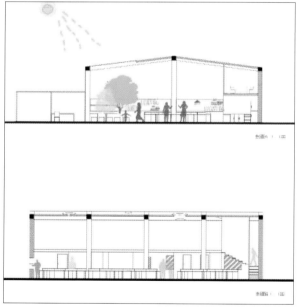

图4-203 剖立面图

整个空间从平面和空间上都有着从全开放到半开放再到封闭的空间感受，全开放的空间包含了一些植物和工作功能，它有着真正的植物；再往里走是半开放的工作区域，人与人之间能很好地交流，员工坐在一起，创造一个和谐交流的工作环境，工作桌椅的设计也由树杈形状而来，呼应自然的概念。

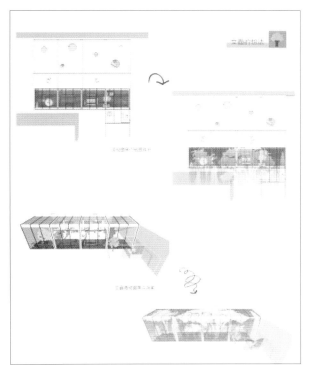

图4-204 空间分析图

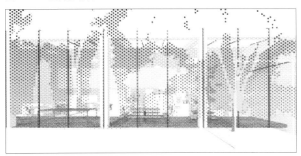

图4-205 透视图

　　立面运用点状的树形丰富了玻璃的立面，也与整个概念和内部空间相呼应。

图4-206 透视图

图4-207 透视图

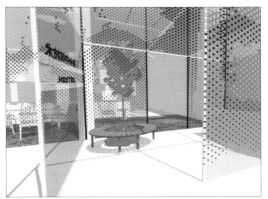

图4-208 透视图

图4-209 材料模型

图4-210 材料模型

黄庆嵩——06级

折线——湖南电视台北方推广中心室内设计

以折线来体现简洁明确，干脆有力，变化丰富，契合湖南电视台的市场推广理念。

黄色和橙色是业主单位视觉识别系统中的标准色，灰色和白色是这个旧厂房给人的一个感受，所以这四种颜色放在一起就是想突出两者的对立，在空间中去发生故事。

把工厂的砖墙都保留下来，用砖的肌理与新建的结构（有机板材、玻璃、钢材等）产生新老呼应，玻璃在其中起调和作用。在这个室内（建筑改造上）设计要解决的问题：年轻人的张力，年轻电视台的活力，青春时尚与老旧的碰撞。

图4—211

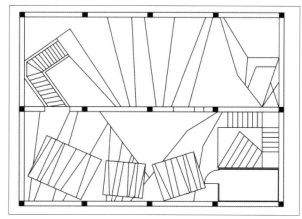

图4—212　首层平面图

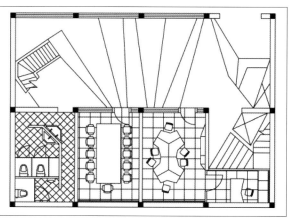

图4—213　二层平面图

图4-214 立面图

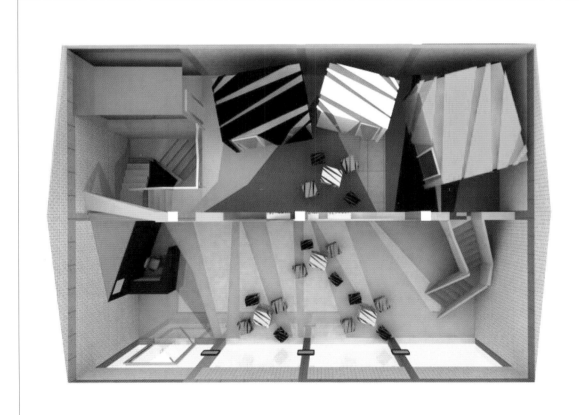

图4-215 空间轴测图

图4-216　透视图

图4-217　透视图

节奏明快的折带结构与旧厂房的碰撞。

图4-218　透视图

图4-219　透视图

图4-220 透视图

图4-221 透视图

图4-222　透视图

图4-223　透视图

图4-224　彩色模型

图4-225　彩色模型

Danielle Linscheer——荷兰，交换学生

图4-226　设计概念

We believe in fusing talented writers, filmmakers, artists, and scientists into a movement that will go beyond ego; That will create a super story teller.

Our studio will take the largest amount of artistic freedom to express valuable concepts, fantastic stories in projects that know no limitations. We use them ourselves as an inspiration and show them as a way to tell our story.

We are storytellers, from fantasy to factory, from statement to product.

图4-227　设计概念

图4-228　设计概念

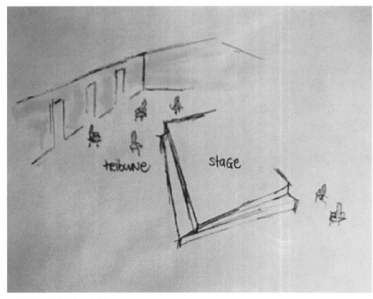

图4-229　平面功能分析

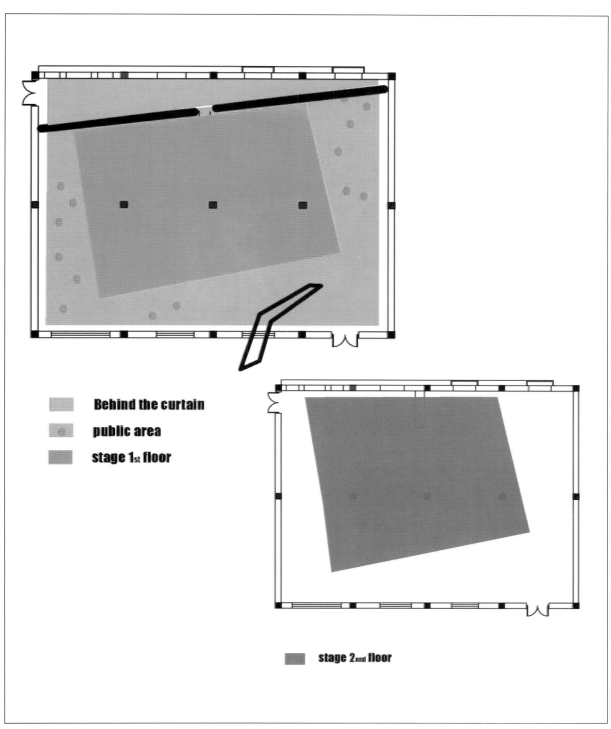

Behind the curtain

public area

stage 1st floor

stage 2end floor

图4-230　首层平面图

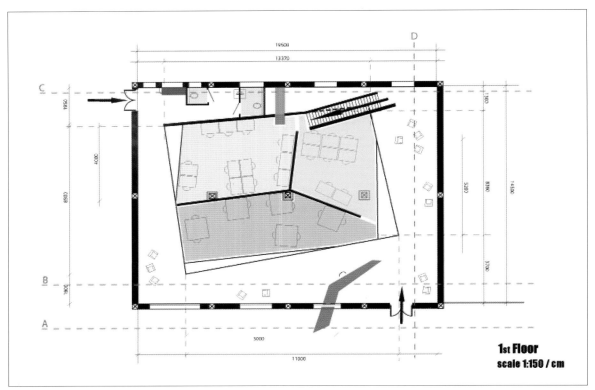

图4-231 二层平面图

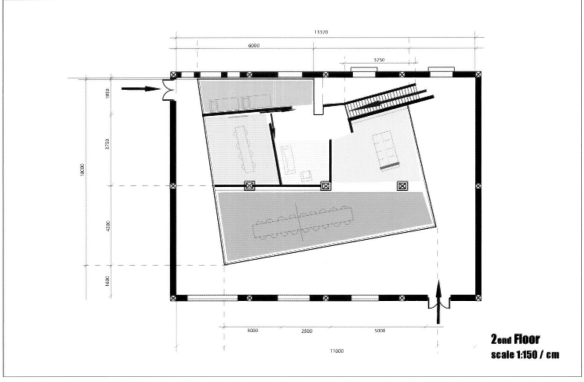

图4-232 草图模型分析

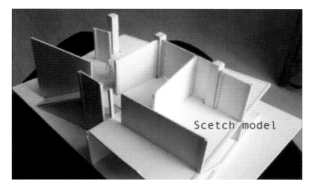

图4-233　草图模型分析

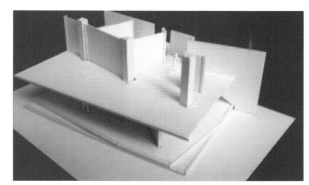

图4-234　透视图

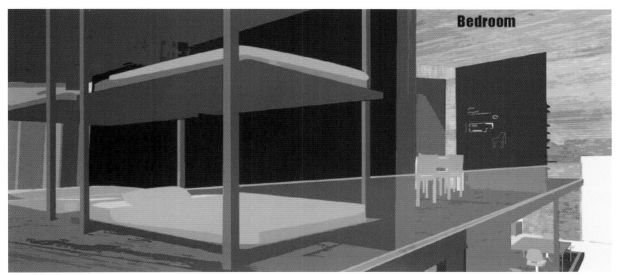

图4-235　透视图

图4-236　透视图

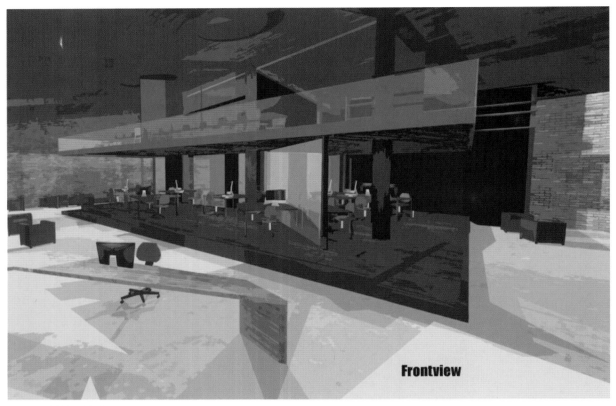

Frontview

图4-237 材料设计概念

wooden plates,
deepbraun

concrete

steal profile, construction

Materials

图4-238 材料模型

图4-239 材料模型

图4-240 材料模型

图4-241 材料模型

图4-242 材料模型

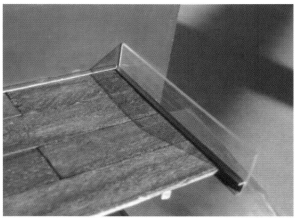

图4-243 材料模型

Joyce Brouwer——荷兰，交换学生

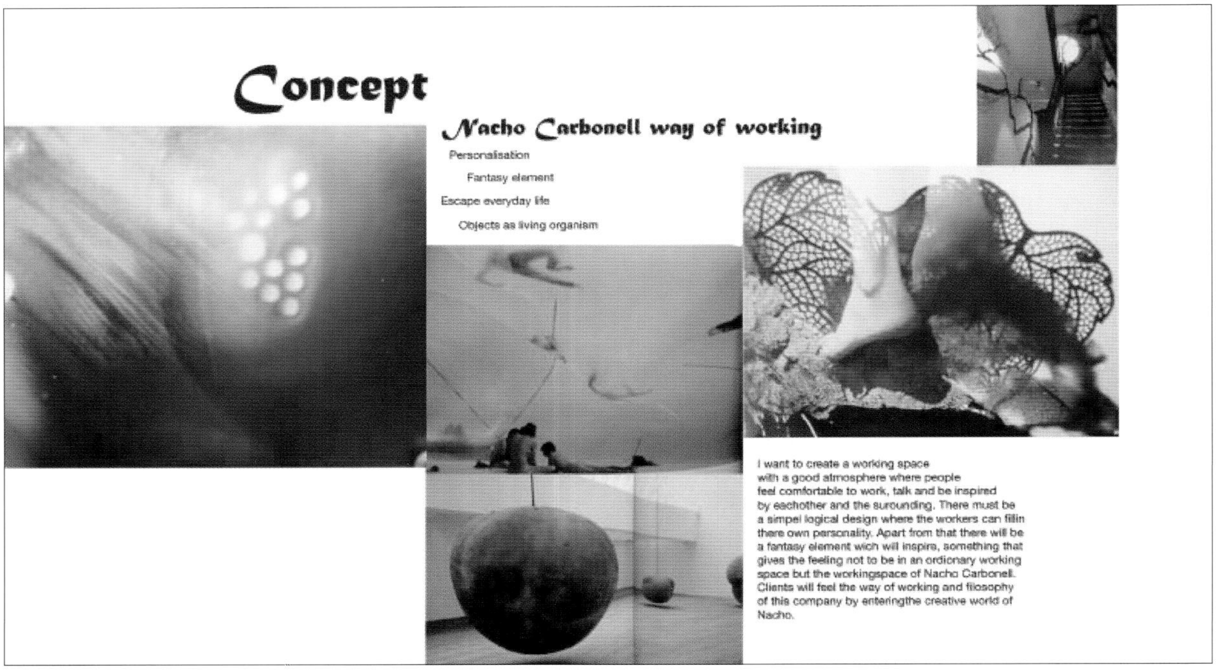

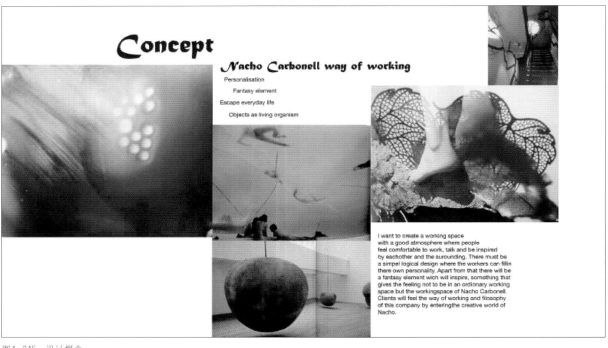

图4-244 设计概念

图4-245 设计概念

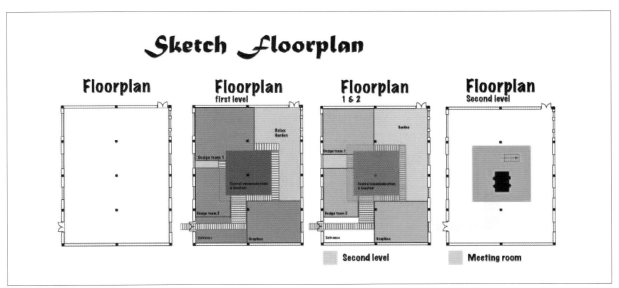

图4-246 功能平面分析

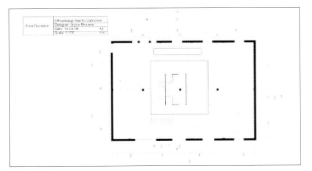

图4-247 首层平面图

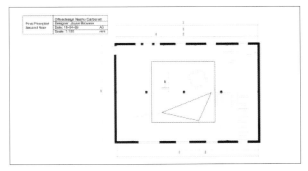

图4-248 二层平面图

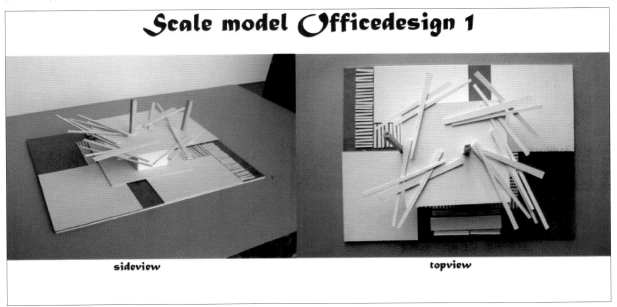

图4-249 草图模型分析一

图4-250　草图模型分析二

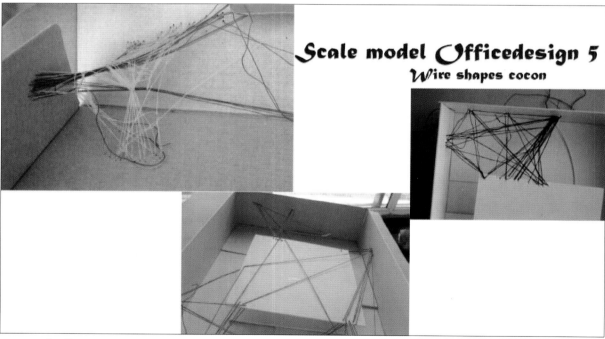

图4-251　草图模型分析三

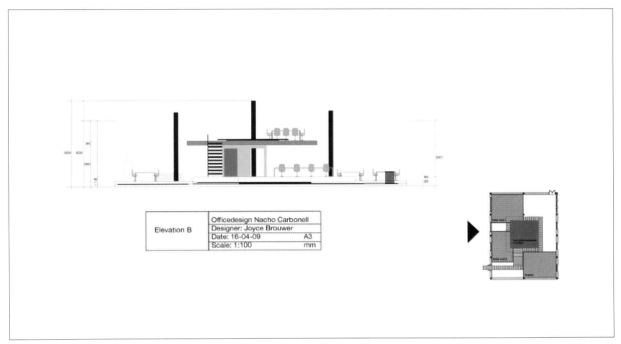

Elevation B	Officedesign Nacho Carbonell
	Designer: Joyce Brouwer
	Date: 16-04-09 A3
	Scale: 1:100 mm

图4-252 剖立面图

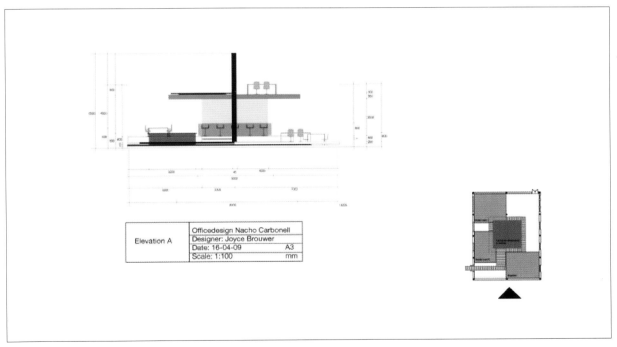

Elevation A	Officedesign Nacho Carbonell
	Designer: Joyce Brouwer
	Date: 16-04-09 A3
	Scale: 1:100 mm

图4-253 剖立面图

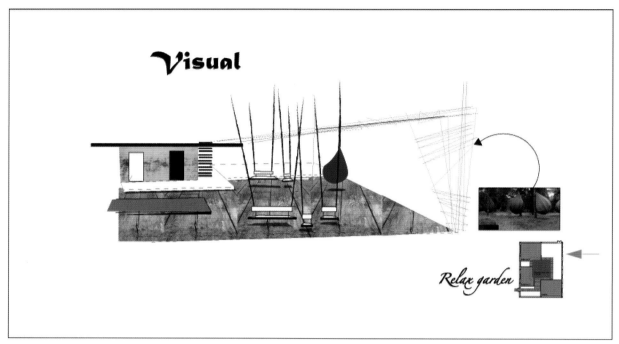

图4—254　透视图

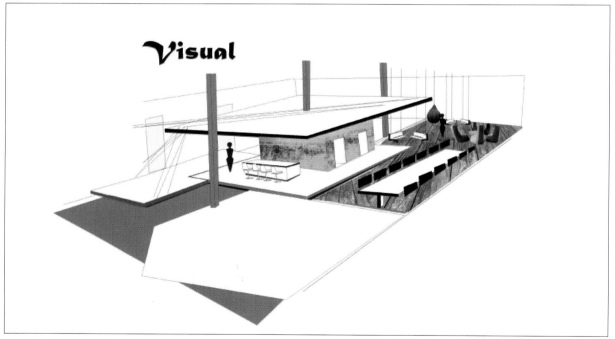

图4—255　透视图

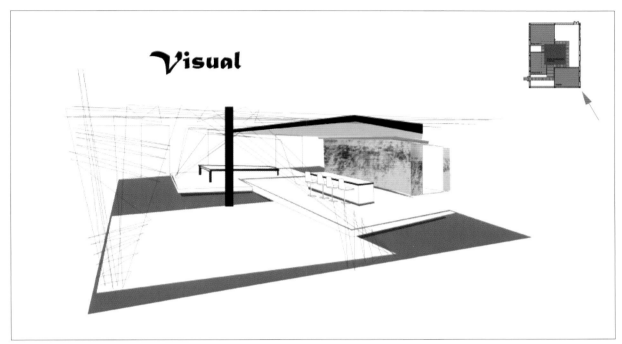

图4-256 透视图

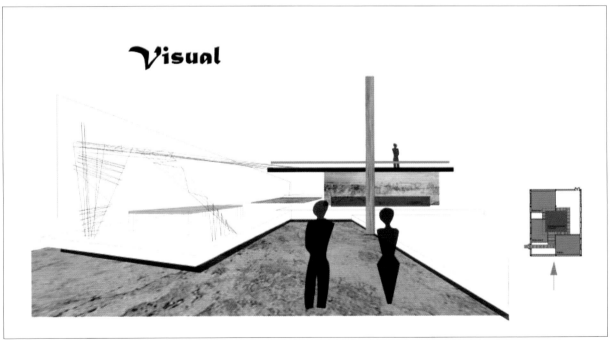

图4-257 透视图

图4-258 材料设计概念

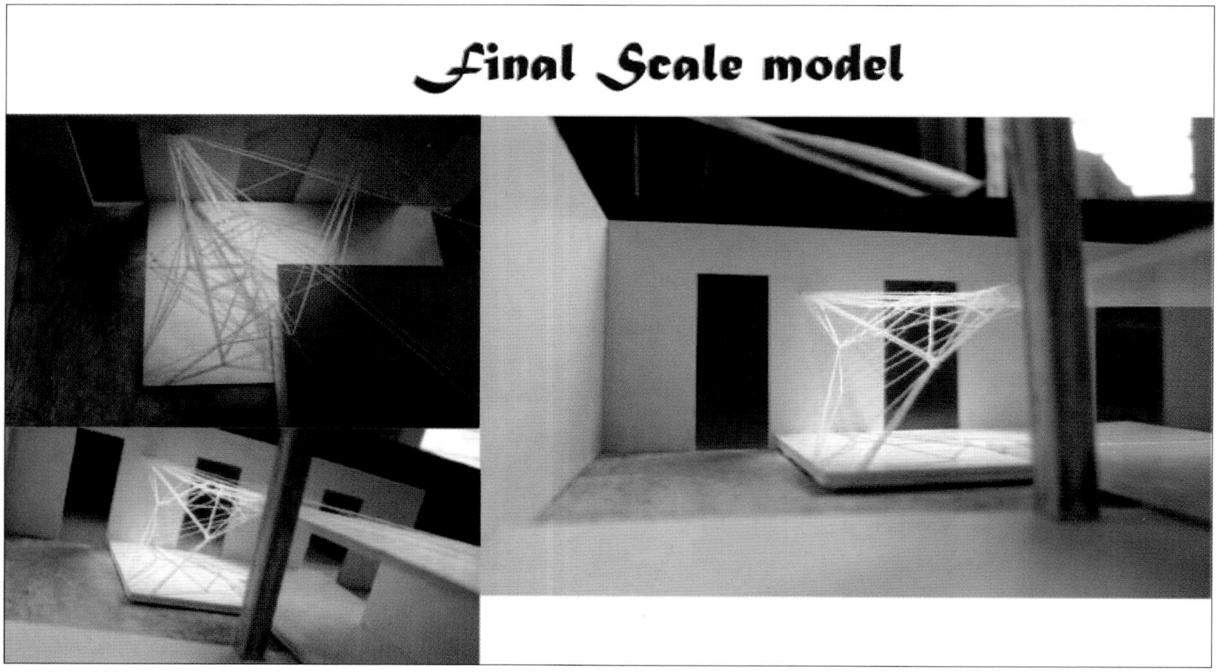

图4-259 材料模型

图4-260　材料模型

图4-261　材料模型

课程总结：通过办公空间设计课程，学生们基本上达到了预期的教学目标。学生学会了通过客户的内在机构特征及企业形象为出发点，创造能够符合客户特有的机构形象特征的办公空间风格。学生初步掌握了平面功能划分所涉及的人体工程学所要求的尺度规范，以及空间流向所需要的必要尺寸。通过设计实践，对空间的功能划分有了感性上的认识。在以空间美学为主导的理念实施过程中，开始学习结合室内照明、家具设计、材料运用等手段塑造空间的整体环境。

在教学过程中，学生们也普遍存在一些问题，主要反映在：在后期对立面的细化能力还不够。在内部空间的把握上显示出对内部空间一些特殊的、有专业特点的功能分区认知的不足。有的学生在最终设计表达方面上有所欠缺。从概念落实到实际空间形体的过程中，没有形成很强的逻辑性。在今后，应该对学生们加强这些方面的训练。

通过办公空间设计课程，给学生的设计水平进一步提升提供了一个很好的平台，使他们将之前所学到的室内设计理论知识在办公空间这类相对具有实践性的项目中得到运用和发展。同时，为老师们对他们将来需要加强训练的部分提供了很好的参考依据。

学生分数比例：

好：30%

从最初的概念到最终的空间形式的完成的过程非常完整和清晰。这部分学生在满足功能合理和基本美学标准的同时，能够开始对空间的精神层面进行追求和思考，以及通过对特殊企业的文化体验的探索，很深入地通过对空间的研究去表达一种人在空间内的生活状态和生活方式的界定。在最终的图版表达中，通过独特的版式设计结合方案有很强的视觉冲击力。

中：60%

能够将内部空间的功能与形式有效地结合，思考办公机构的外在形式与内部空间的交流，有很好的出发点。但在内部具体空间的把握上显示出对内部功能分区认知的不足，在空间形式和内部空间的细节上缺乏深入设计的能力。

差：10%

没有能够展现对最初的概念到最终完成作品所应当形成的一个完整的设计过程。在设计表达能力方面比较欠缺，没有很强的逻辑性。

学生认为此次办公空间设计的教学内容和课程设置对帮助他们了解办公空间的形式、功能、规范等方面有很大的作用。认为课程选题的难易程度和定位也非常适合现阶段学生自身的设计掌控能力以及美院学生的兴趣和爱好。希望在今后此项课程的设置上，能够在以下一些方面有所完善：

在课程的时间上，希望课程更丰富一些。因为现代办公的理念随着社会的发展变化非常快，增加相应的课程内容，能够让学生对各类办公空间的类型及特点有更全面和深入的了解。

在教学内容方面，希望更多地了解一些在实际的办公活动中，功能和使用方面会经常遇到的细节问题。

在课程安排方面，希望在教学过程中，给学生提供一些现场实地调研的机会，使学生能够对办公空间有直观的感受。